Bibliografische Information der Deutschen Nationalbibliothek:

Die Deutsche Bibliothek verzeichnet diese Publikation in der Deutschen National-bibliografie; detaillierte bibliografische Daten sind im Internet über http://dnb.d-nb.de/ abrufbar.

Impressum:

Copyright © 2015 GRIN Verlag, Open Publishing GmbH
Druck und Bindung: Books on Demand GmbH, Norderstedt Germany
ISBN: 9783656917021

Dieses Buch bei GRIN:

https://www.grin.com/document/294134

Erich Bulitta, Hildegard Bulitta

Nachhilfe Mathematik - Teil 4: Prozentrechnen

GRIN Verlag

Reihe
Nachhilfe Mathematik

Teil 4: Prozentrechnen

Gesamtband

Erich und Hildegard Bulitta

Vorwort – Teil 4: Prozentrechnen

Liebe Schülerinnen und Schüler,

liebe Eltern, liebe Lehrerinnen und Lehrer!

Die neue Reihe „Nachhilfe – Mathematik" wendet sich an alle Schülerinnen und Schüler, die ihre schulischen Leistungen im Fach Mathematik verbessern und vertiefen wollen, um bessere Noten zu erzielen.

Eltern haben mit diesen pädagogisch erprobten Aufgaben die Möglichkeit, die schulischen Leistungen ihrer Kinder zu verbessern und sie für das Fach Mathematik zu motivieren.

Die Reihe „Nachhilfe – Mathematik" wendet sich aber auch an Lehrerinnen und Lehrer aller Schularten ab der Grundschule, die die einzelnen Arbeitsblätter für ihren Einsatz im Unterricht (auch für Vertretungsstunden oder Probearbeiten) einsetzen können. Auf diese Weise brauchen sie sich nicht die Mühe machen, selbst Aufgaben so zusammenzustellen, dass sie ihre Schülerinnen und Schüler auch verstehen und sie ihren Erfolg selbst sehen.

Die Seiten sind so gestaltet, dass die Aufgaben direkt bearbeitet werden können. Selbstverständlich können die einzelnen Bände dieser Reihe ganz alleine durchgearbeitet werden, aber besser ist es sicherlich, wenn jemand den Fortschritt kontrolliert. Die Aufgaben werden in kleinen Schritten erklärt und erarbeitet, so dass es leicht ist, zu verstehen, wie das „Prozentrechnen" mit den verschiedenen Aufgabenmöglichkeiten geht. Die verschiedenen Aufgaben können dann selbst nachvollzogen und angewandt werden. Der Lösungsteil dient der Kontrolle. Im Anhang werden jeweils verschiedene wichtige Grundlagen für das Fach Mathematik angegeben.

Die Reihe „Nachhilfe – Mathematik" ist unabhängig von Jahrgangsstufe, Schulart und Schulbuch und bietet in konzentrierter Form jeweils einen Teilbereich des Faches Mathematik an.
Jeder einzelne Teil der Reihe gliedert sich in zwei Einzelbände (Band 1: Grundkurs und Band 2: Aufbaukurs) und einen Gesamtband, der die beiden Bände 1 und 2 enthält.

Im Teil 4 dieser Reihe wird das Prozentrechnen mit und ohne Taschenrechner ausführlich behandelt. Dabei werden die einzelnen Teilgebiete in kleinen Schritten bearbeitet und ausführlich erklärt, um sicher mit Prozentaufgaben auch im Alltag oder Beruf umzugehen.

Zu den einzelnen Teilgebieten gehören: *Grundlegende Vorübungen zum Prozentrechnen, Vom Bruch zum Prozentbegriff, die verschiedenen Grundaufgaben, Preise, Brutto – Netto – Tara, Prozentsätze in Schaubildern darstellen, Rechnen mit der Prozentformel und dem Taschenrechner, Erhöhung und Minderung des Grundwertes, Gewinn – Verlust – Mehrwertsteuer und Sachaufgaben aus verschiedenen Bereichen des Alltags,* die auch im Berufsleben vorkommen.

Somit ergibt sich eine echte Nachhilfe. Die Aufgaben sind so aufgebaut, dass sie alleine und ohne fremde Hilfe gelöst werden können. Die jeweiligen Arbeitshefte sind so angelegt, dass in das Heft geschrieben werden kann.

Ausgehend von „leichten" Aufgaben wird auch an schwierigere Aufgaben und Sachaufgaben herangeführt. Die einzelnen Lösungsschritte werden erklärt und am Ende zeigen die Lösungen, ob richtig gerechnet worden ist.

Zum Schluss noch ein Tipp: Arbeite das Heft sorgfältig durch, dann bekommst du die Sicherheit, die du für das Fach Mathematik und das Prozentrechnen brauchst. Wir wünschen dir viel Spaß dabei.
Empfehle diese Reihe auch deinen Mitschülerinnen und Mitschülern, die Schwierigkeiten im Fach Mathematik haben und sich verbessern wollen. Den QR-Code kannst du gerne verschicken.

Die Reihe Nachhilfe – Mathematik

Teil 1: **Grundrechnungsarten und Zahlenraum bis zur Billion**

Teil 2: **Bruchrechnen und Dezimalzahlen**

Teil 3: **Gleichungen**

Teil 4: **Prozentrechnen**

Teil 5: **Zins- und Promillerechnen**

Teil 6: **Übungsbuch zur gezielten Vorbereitung auf Abschlussprüfungen – Kopiervorlagen**

Folgt dem QR-Code zu allen bereits veröffentlichten Bänden der Reihe „Nachhilfe Mathematik":
https://www.grin.com/profile/1095312/#documents

Inhaltsverzeichnis – Prozentrechnen: Aufbaukurs

Vorwort   **3**

1. Grundlegende Vorübungen zum Prozentrechnen   **6**
Brüche drücken Anteile aus – Vom Bruch zum Ganzen – Anteile berechnen

2. Prozentrechnen: Vom Bruch zum Prozentbegriff   **9**
Der Prozentbegriff – Prozent drückt einen Anteil aus – Vom Dezimalbruch
zum Prozentsatz

3. Prozentrechnen: Die Grundaufgaben   **13**
Prozentwert – Grundwert – Prozentsatz: Wir berechnen den Prozentwert –
Wir berechnen den Grundwert – Wir berechnen den Prozentsatz –
Sachaufgaben in kleinen Schritten lösen

4. Prozentrechnen: Preise   **21**
Preiserhöhung – Preissenkung – Mehrwertsteuer – Preisnachlass: Rabatt
und Skonto – Sachaufgaben in kleinen Schritten lösen

5. Prozentrechnen: Brutto – Netto – Tara   **39**
Die Grundtypen von Prozentaufgaben

6. Prozentrechnen: Prozentsätze in Schaubildern darstellen   **41**
Das Streifendiagramm – Das Blockdiagramm – Das Kreisdiagramm

7. Prozentrechnen: Rechnen mit der Prozentformel   **47**
Die Prozentformel und die verschiedenen Arten der Grundaufgaben

8. Prozentrechnen mit dem Taschenrechner   **49**

9. Prozentrechnen: Erhöhung und Minderung des Grundwertes   **50**
Erhöhung des Grundwertes – Minderung des Grundwertes – Sachaufgaben
in kleinen Schritten lösen

10. Prozentrechnen: Gewinn – Verlust – Mehrwertsteuer   **54**
Sachaufgaben in kleinen Schritten lösen

11. Prozentrechnen: Sachaufgaben zu allen Bereichen des Alltags   **62**

Lösungen   **81**

Anhang   **91**

1. Grundlegende Vorübungen zum Prozentrechnen

Brüche drücken Anteile aus

Beispiel: Bei der Haussammlung des Volksbundes gibt Fritz 5 €; Peter 10 € und Petra 15 €. Natürlich behauptet Petra, am meisten von ihrem Taschengeld gespendet zu haben. Allerdings erhält sie als Älteste auch am meisten Taschengeld, nämlich 60 €, während Fritz 25 € und Peter 45 € erhalten. Wer hat Recht?

Wir vergleichen: Vergleichsbruch   kürzen   gemeinsamer Nenner

Fritz gibt 5 € von 25 € $= \frac{5}{25}$ $= \frac{1}{5}$ $= \frac{36}{180}$

Peter gibt 10 € von 45 € $= \frac{10}{45}$ $= \frac{2}{9}$ $= \frac{40}{180}$

Petra gibt 15 € von 60 € $= \frac{15}{60}$ $= \frac{1}{4}$ $= \frac{45}{180}$

Petra gibt tatsächlich, gemessen an ihrem Taschengeld, am meisten.

1. Vergleiche jeweils drei Jugendliche. Schreibe wie im Beispiel.

	Spende	Taschengeld	Vergleichsbruch	Kürzen	gemeinsamer Nenner
Klaus	14 €	56 €	$\frac{14}{56}$	$\frac{1}{4}$	
Susi	42 €	70 €			
Paul	28 €	35 €			
Frieder	12 €	36 €			
Moni	10 €	30 €			
Ulli	3 €	15 €			
Sonja	12 €	30 €			
Max	30 €	48 €			
Piet	20 €	60 €			

Setze die Zeichen für > < oder = ein:

Klaus   Susi   Paul   Frieder   Moni   Ulli   Sonja   Max   Piet

–   ——   ——   –   ——   ——   –   ——   ——

Vom Bruch zum Ganzen

Beispiel: Frau Mehrlich zahlt im Monat 540 € Miete. Das sind $\frac{2}{7}$ ihres Monatseinkommens. Wie viel Geld hat sie monatlich zur Verfügung?

Wir wissen: $\frac{2}{7}$ = 540

Wir rechnen: $\frac{1}{7}$ = 540 : 2 = 270

$\frac{7}{7}$ = 270 • 7 = **1 890 [€]**

Wir antworten: Sie hat 1 890 € monatlich zur Verfügung.

2. Berechne das Ganze. Schreibe wie im Beispiel. Versuche möglichst viel im Kopf zu rechnen.

Beispiel: $\frac{2}{5}$ = 450 kg; $\frac{1}{5}$ = 450 kg : 2 = 225 kg; $\frac{5}{5}$ = 225 kg • 5 = 1 125 kg

a) $\frac{3}{8}$ = 180 m; _____

b) $\frac{47}{55}$ = 235 cm; _____

c) $\frac{6}{11}$ = 240 €; _____

d) $\frac{2}{9}$ = 130 l; _____

e) $\frac{7}{12}$ = 280 km; _____

f) $\frac{5}{13}$ = 200 hl; _____

g) $\frac{9}{14}$ = 540 cm; _____

h) $\frac{11}{12}$ = 99 €; _____

i) $\frac{10}{17}$ = 400 m²; _____

j) $\frac{3}{22}$ = 30 ha; _____

k) $\frac{5}{21}$ = 35 kg; _____

l) $\frac{9}{11}$ = 99 €; _____

m) $\frac{2}{145}$ = 40 m; _____

Anteile berechnen

Beispiel: Anne erhält monatlich 36 € Taschengeld. Davon gibt sie $\frac{2}{3}$ für Kinobesuche aus.

Wir wissen: $\frac{3}{3}$ = 36 €

Wir rechnen: $\frac{1}{3}$ = 36 : 3 = 12 ; $\frac{2}{3}$ = 12 • 2 = **24 [€]**

Wir antworten: Sie gibt 24 € für Kinobesuche aus.

3. Berechne die Anteile. Schreibe wie im Beispiel. Versuche viel im Kopf zu rechnen.

Beispiel: $\frac{3}{5}$ von 40 €: $\frac{5}{5}$ = 40 ; $\frac{1}{5}$ = 40 : 5 = 8 ; $\frac{3}{5}$ = 8 • 3 = **24 [€]**

a) $\frac{6}{7}$ von 77 kg: _____

b) $\frac{3}{8}$ von 64 l: _____

c) $\frac{2}{9}$ von 27 g: _____

d) $\frac{6}{12}$ von 108 m²: _____

e) $\frac{3}{4}$ von 100 cm: _____

f) $\frac{10}{11}$ von 77 ha: _____

g) $\frac{5}{6}$ von 24 km: _____

h) $\frac{3}{14}$ von 70 €: _____

i) $\frac{15}{22}$ von 110 mm: _____

j) $\frac{3}{17}$ von 85 hl: _____

k) $\frac{7}{18}$ von 36 a: _____

l) $\frac{2}{25}$ von 625 dm²: _____

m) $\frac{8}{13}$ von 78 €: _____

n) $\frac{20}{47}$ von 94 mg: _____

o) $\frac{50}{63}$ von 630 km: _____

2. Prozentrechnen – Vom Bruch zum Prozentbegriff

Der Prozentbegriff

> **Tipp:** Im vorherigen Kapitel hast du gelernt, dass man mit Brüchen vergleichen kann. Um möglichst einheitlich zu vergleichen, hat man sich auf den Vergleichsbruch $\frac{1}{100}$ geeinigt.
>
> **Dafür sagt man dann $\frac{1}{100}$ = 1 Prozent = 1 %**

Prozent drückt einen Anteil aus

Beispiel: Drei Familien vergleichen die Kosten, die sie monatlich für das Auto ausgeben. Welche Familie gibt im Vergleich zu ihrem Einkommen mehr für das Auto aus?

	Monatseinkommen	Ausgaben für das Auto	Vergleichsbruch	Prozent
Familie Müller	3 500 €	700 €	$\frac{700}{3500} = \frac{20}{100}$	20 %
Familie Kleine	4 100 €	1 230 €	$\frac{1230}{4100} = \frac{30}{100}$	30 %
Familie Kurz	3 100 €	775 €	$\frac{775}{3100} = \frac{25}{100}$	25 %

Antwort: Familie Kleine gibt im Verhältnis zu ihrem Einkommen am meisten für das Auto aus.

1. Wie viel Prozent sind das? Schreibe wie im Beispiel.

Beispiel: $\frac{4}{100}$ = 4 % $\frac{105}{100}$ = 105 %

a) $\frac{9}{100}$ = _____

b) $\frac{7}{100}$ = _____

c) $\frac{11}{100}$ = _____

d) $\frac{19}{100}$ = _____

e) $\frac{47}{100}$ = _____

f) $\frac{81}{100}$ = _____

g) $\frac{93}{100}$ = _____

h) $\frac{103}{100}$ = _____

i) $\frac{402}{100}$ = _____

j) $\frac{303}{100}$ = _____

k) $\frac{925}{100}$ = _____

l) $\frac{831}{100}$ = _____

m) $\frac{531}{100}$ = _____

n) $\frac{881}{100}$ = _____

o) $\frac{621}{100}$ = _____

p) $\frac{774}{100}$ = _____

q) $\frac{1210}{100}$ = _____

r) $\frac{674}{100}$ = _____

> **Tipp:** Nicht immer geht es so einfach. In vielen Fällen musst du den Vergleichsbruch so umformen, dass er den Nenner 100 hat. Das hast du aber schon beim Bruchrechnen gelernt (siehe Teil 2 „Bruchrechnen" der Reihe Nachhilfe Mathematik).

2. Wie viel Prozent sind das? Schreibe wie im Beispiel.

Beispiel: $\frac{4}{25} = ?\%$ erweitern: $\frac{4 \cdot 4}{25 \cdot 4} = \frac{16}{100} = 16\%$ oder:

$\frac{9}{75} = ?\%$ kürzen und dann erweitern $\frac{9:3}{75:3} = \frac{3 \cdot 4}{25 \cdot 3} = \frac{12}{100} = 12\%$

a) $\frac{3}{20} =$ _____   b) $\frac{2}{10} =$ _____

c) $\frac{7}{50} =$ _____   d) $\frac{6}{25} =$ _____

e) $\frac{3}{30} =$ _____   f) $\frac{4}{200} =$ _____

g) $\frac{9}{60} =$ _____   h) $\frac{7}{35} =$ _____

i) $\frac{5}{125} =$ _____   j) $\frac{40}{250} =$ _____

k) $\frac{9}{150} =$ _____   l) $\frac{8}{200} =$ _____

3. Verwandle die Prozentsätze in Brüche und kürze soweit wie möglich. Schreibe wie im Beispiel.

Beispiel: $35\% = \frac{35}{100} = \frac{7}{20}$;

a)   45 % = _____   b) 30 % = _____

c)   22 % = _____   d) 35 % = _____

e)   40 % = _____   f)   36 % = _____

g)   52 % = _____   h) 75 % = _____

i)   80 % = _____   j) 55 % = _____

k) 105 % = _____   l) 210 % = _____

m) 120 % = _____   n) 320 % = _____

4. *Ergänze die Tabelle und berechne die fehlenden Werte. Schreibe wie im Beispiel.*

Klasse	Klassenstärke	Anzahl der Mädchen	Anteil	Hundertstel	Prozent
7a	32	16	$\frac{16}{32} = \frac{1}{2}$	$\frac{50}{100}$	50 %
7b	30	12			
7c	24	6			
7d	28	21			

Vom Dezimalbruch zum Prozentsatz

1. *Wandle die Dezimalbrüche in Prozentsätze um. Schreibe wie im Beispiel.*

$$0,21 = \frac{21}{100} = 21\ \% \qquad 0,4 = \frac{4}{10} = \frac{40}{100} = 40\ \% \qquad 1,25 = \frac{125}{100} = 125\ \%$$

a) 0,37 = _____

b) 0,41 = _____

c) 0,86 = _____

d) 0,6 = _____

e) 0,8 = _____

f) 0,3 = _____

g) 0,94 = _____

h) 0,53 = _____

i) 0,75 = _____

j) 1,26 = _____

k) 4,4 = _____

l) 3,57 = _____

m) 6,87 = _____

n) 4,99 = _____

o) 10,65 = _____

p) 110,25 = _____

2. *Schreibe die folgenden Prozentsätze als Dezimalbrüche. Schreibe wie im Beispiel.*

Beispiel: $24\ \% = \frac{24}{100} = 0,24$

a)   37 % = _____

b) 29 % = _____

c)   33 % = _____

d) 46 % = _____

e)   81 % = _____

f) 94 % = _____

g)   59 % = _____

h) 18 % = _____

i)   5 % = _____

j) 119 % = _____

k) 212 % = _____

l) 509 % = _____

m) 121 % = _____

n) 765 % = _____

o) 8764 % = _____

p) 12 034 % = _____

3. *Rechne die folgenden Brüche in Prozentsätze um. Schreibe wie im Beispiel. Runde auf oder ab.*

Beispiel: $\frac{2}{7} = 2 : 7 \approx 0,29 = \frac{29}{100} = 29\ \%$

a) $\frac{4}{9}$ = _____

b) $\frac{3}{8}$ = _____

c) $\frac{5}{6}$ = _____

d) $\frac{8}{9}$ = _____

e) $\frac{5}{7}$ = _____

f) $\frac{3}{11}$ = _____

g) $\frac{8}{17}$ = _____

h) $\frac{12}{19}$ = _____

i) $\frac{17}{25}$ = _____

j) $\frac{13}{16}$ = _____

k) $\frac{5}{21}$ = _____

l) $\frac{18}{29}$ = _____

m) $\frac{31}{54}$ = _____

n) $\frac{19}{31}$ = _____

4. *Rechne mit dem Taschenrechner. Die **%-Taste** erspart dir die Rechenoperation : **100**. Runde wieder auf ganze Prozent.*

Beispiel: $\frac{26}{103}$ = ? % So tippst du: 26 ÷ 103 % = 25 %

a) $\frac{27}{61}$ = _____

b) $\frac{16}{57}$ = _____

c) $\frac{39}{115}$ = _____

d) $\frac{18}{97}$ = _____

e) $\frac{105}{223}$ = _____

f) $\frac{86}{407}$ = _____

g) $\frac{103}{4}$ = _____

h) $\frac{620}{99}$ = _____

i) $\frac{37}{49}$ = _____

j) $\frac{18}{109}$ = _____

k) $\frac{48}{331}$ = _____

l) $\frac{2013}{55}$ = _____

3. Prozentrechnen – Die Grundaufgaben

Prozentwert – Grundwert – Prozentsatz

Tipp: Du musst drei wichtige Begriffe kennen, um Prozentaufgaben zu lösen.
Prozentwert (P): Er gibt den Anteil in der angegebenen Einheit an (z.B. €, kg, ...).
Grundwert   (G): Er entspricht 100 % und ist das Ganze.
Prozentsatz (p): Er gibt den Anteil in Prozent an.

Wir berechnen den Prozentwert

Beispiel: Petra erhält jeden Monat 45 € Taschengeld und spart davon 15 %.
Wie viel € sind das?

gegeben: Grundwert: 45 €   **gesucht:** Prozentwert
Prozentsatz 15 %

100 % = 45
  1 % = 45 : 100 = 0,45
 15 % = 0,45 • 15 = **6,75 [€]**

1. Berechne den Prozentwert. Rechne wie im obigen Beispiel.

a) Grundwert: 120 €
Prozentsatz: 20 %

b) Grundwert: 250 €
Prozentsatz: 12 %

c) Grundwert: 450 kg
Prozentsatz: 30 %

d) Grundwert: 790 kg
Prozentsatz: 45 %

e) ·Grundwert: 4 350 m
Prozentsatz: 70 %

f) Grundwert: 5 980 €
Prozentsatz: 85 %

g) Grundwert: 7 540 g
Prozentsatz: 60 %

h) Grundwert: 6 498 €
Prozentsatz: 80 %

Wir berechnen den Grundwert

Beispiel: Bauer Maierl hat 24 ha seiner Felder mit Mais bepflanzt. Das sind 40 % der Gesamtfläche. Wie groß sind seine Felder?

gegeben: Prozentwert: 24 ha   **gesucht:** Grundwert
Prozentsatz: 40 %

40 % = 24
  1 % = 24 : 40 = 0,60
100 % = 0,60 • 100 = **60 [ha]**

2. Berechne den Grundwert. Rechne wie im obigen Beispiel.

a) Prozentwert: 28 €
   Prozentsatz: 7 %

b) Prozentwert: 38 kg
   Prozentsatz: 40 %

c) Prozentwert: 440 €

   Prozentsatz: 11 %

d) Prozentwert: 180 g

   Prozentsatz: 30 %

e) Prozentwert: 15 ha

   Prozentsatz: 60 %

f) Prozentwert: 405 km

   Prozentsatz: 90 %

g) Prozentwert: 1 100 cm

   Prozentsatz: 55 %

h) Prozentwert: 470 €

   Prozentsatz: 40 %

i) Prozentwert: 18 000 €

   Prozentsatz: 90 %

j) Prozentwert: 6 400 Stück

   Prozentsatz: 80 %

Wir berechnen den Prozentsatz

Beispiel: Frau Späth erhält monatlich 1 040 € Rente. Davon spendet sie vor Weihnachten 156 € für Waisenkinder. Wie viel Prozent ihrer Rente sind das?

gegeben: Grundwert: 1040 €   **gesucht:** Prozentsatz
Prozentwert: 156 €

100 % = 1 040
  1 % = 1 040 : 100 = 10,40
156 : 10,40 = **15 [%]**

3. Berechne den Prozentsatz. Rechne wie im obigen Beispiel.

a) Grundwert: 810 €
   Prozentwert: 162 €

b) Grundwert: 470 kg
   Prozentwert: 164,50 kg

c) Grundwert: 730 m
   Prozentwert: 233,60 m

d) Grundwert: 980 km
   Prozentwert: 539 km

e) Grundwert: 1 250 Stück
   Prozentwert: 375 Stück

f) Grundwert: 44 400 €
   Prozentwert: 35 520 €

g) Grundwert: 9 700 cm
   Prozentwert: 8 148 cm

h) Grundwert: 14 600 Stunden
   Prozentwert: 2 628 Stunden

i) Grundwert: 14 km
    Prozentwert: 13 300 m

j) Grundwert: 900 Cent
    Prozentwert: 8,91 €

_____

_____

_____

_____

_____

_____

4. Berechne die fehlenden Werte. Rechne wie in den obigen Beispielen.

	a)	b)	c)	d)	e)	f)	g)
Grundwert	4 500 €	6 500 €	?	7 100 cm	46,20 €	?	25 000 €
Prozentwert	?	1 105 €	425,27 €	?	11,55 €	418 €	?
Prozentsatz	15 %	?	43 %	76 %	?	38 %	86 %

	h)	i)	j)	k)	l)
Grundwert	?	7 300 €	9 500 €	?	9 300 cm
Prozentwert	612 kg	?	2 327,50 €	7 953,75 €	?
Prozentsatz	36 %	12,5 %	?	75,75 %	18,85 %

a) _____

_____

_____

b) _____

_____

_____

c) _____

_____

_____

d) _____

_____

_____

e) _____

_____

_____

f) _____

_____

_____

g) _____

_____

_____

h) _____

_____

_____

i) _____

_____

_____

j) _____

_____

_____

k) _____

_____

_____

l) _____

_____

_____

Sachaufgaben in kleinen Schritten lösen

1. Eine Baustofffirma liefert 33,6 t Sand. Das sind 8 % ihres gesamten Vorrates.
   Wie groß ist dieser Vorrat?

Wir wissen: _____

_____

Wir rechnen:

Wir antworten: _____

2. Ein Öltank hat ein Fassungsvermögen von 3 500 l. Er ist zu 45 % gefüllt.
   Wie viel Öl ist im Tank?

Wir wissen: _____

_____

Wir rechnen:

Wir antworten: _____

3. Petra hat 288 € gespart. Das sind 32 % ihres Lohnes. Wie viel verdient sie?

Wir wissen: _____

_____

Wir rechnen:

Wir antworten: _____

4. Ein Auto kostet 35 700 €. Familie Köber hat 80 % bereits dafür gespart.
Wie viel Euro hat sie gespart?

Wir wissen: _____

_____

Wir rechnen:

Wir antworten: _____

5. Herr Schmitz reicht eine Krankenhausrechnung in Höhe von 4 300 € bei seiner Krankenkasse
ein. Diese erstattet ihm 4 085 €. Wie viel Prozent erstattet sie?

Wir wissen: _____

_____

Wir rechnen:

Wir antworten: _____

6. Von den 32 Schülern einer 9. Klasse nehmen 24 am qualifizierenden Hauptschulabschluss
teil. Wie viel Prozent sind das?

Wir wissen: _____

_____

Wir rechnen:

Wir antworten: _____

7. Eine Gemeinde besitzt 120 ha Wald. Das sind 24 % ihres Gesamtbesitzes.
   Wie viel Hektar Wald besitzt die Gemeinde?

Wir wissen: _____

_____

Wir rechnen:

Wir antworten: _____

8. In einem Weinkeller lagern 144,30 hl Wein. 78 % davon sind Weißwein.
   Wie viel Liter Weißwein sind im Keller?

Wir wissen: _____

_____

Wir rechnen:

Wir antworten: _____

9. Familie Spühr fährt zu ihrem Urlaubsort. Von den 620 km hat sie bereits 150 km
   zurückgelegt. Wie viel Prozent sind das?

Wir wissen: _____

_____

Wir rechnen:

Wir antworten: _____

10. Klaus gibt für ein Computerspiel 67 € aus. Das sind 14 % seines gesparten Geldes.
    Wie viel Geld hat er gespart?

Wir wissen: _____

_____

Wir rechnen:

Wir antworten: _____

11. In einer Firma sind 625,85 m² Teppichboden zu verlegen. 125,5 m² sind schon verlegt.
    Wie viel Prozent sind das?

Wir wissen: _____

_____

Wir rechnen:

Wir antworten: _____

12. Eine Straße überwindet auf einer Strecke von 7,2 km einen Höhenunterschied von 450 m.
    Wie viel Prozent Steigung hat die Straße?

Wir wissen: _____

_____

Wir rechnen:

Wir antworten: _____

4. Prozentrechnen – Preise

Preiserhöhung – Preissenkung – Mehrwertsteuer

Preiserhöhung

Tipp: Am besten rechnest du wie in den Beispielaufgaben.

Beispiel: Ab 1. Januar werden bei einer Automobilmarke die Preise um 3 % erhöht. Ein PKW kostete bisher 26 500 €. Wie teuer wird er dann sein?

gegeben: Grundwert: 26 500 €   oder gegeben: alter Grundwert: 26 500 €
           Prozentsatz: 3 %   Prozentsatz: 3 %
gesucht: Prozentwert   oder gesucht: neuer Grundwert

100 % = 26 500   100 % = 26 500
  1 % = 265   1 % = 265
  3 % = 265 • 7 = 795   103 % = 265 • 103 = **27 295 [€]**
26 500 + 795 = **27 295 [€]**

1. Berechne die Preiserhöhung in Euro. Rechne wie in obigen Beispielen.
Um beide Möglichkeiten zu üben, solltest du im Rechenweg abwechseln.

a) Grundwert: 38 540 €   b) Grundwert: 13 400 €
   Erhöhung: 12 %   Erhöhung: 4 %

_____   _____

_____   _____

_____   _____

c) Grundwert: 4 800 €   d) Grundwert: 6 440 €
   Erhöhung: 14 %   Erhöhung: 15 %

_____   _____

_____   _____

_____   _____

Beispiel: Herr Schmitt erhält ab 1. Oktober zu seinem Lohn 5 % Schmutzzulage. Wie viel verdiente er vorher, wenn er jetzt 2 824,45 € erhält?

gegeben: neuer Grundwert: 2 824,45 €   **gesucht:** alter Grundwert (100 %)
           Prozentsatz: 5 %

105 % = 2 824,45
  1 % = 2 824,45 : 105 ≈ 26,90
100 % = 26,90 • 100 = **2 690 [€]**

2. Berechne den ursprünglichen Lohn. Rechne wie im obigen Beispiel.

a) neuer Grundwert: 3 424 €
   Erhöhung: 7 %

_____

_____

_____

b) neuer Grundwert: 2 550,60 €
   Erhöhung: 9 %

_____

_____

_____

c) neuer Grundwert: 2 203,17 €
   Erhöhung: 3 %

_____

_____

_____

d) Grundwert: 4 452 €
   Erhöhung: 6 %

_____

_____

_____

Beispiel: Eine Waschmaschine kostete 1 450 €. Nach einer Preiserhöhung muss der Käufer jetzt 1 537 € bezahlen. Um wie viel Prozent wurde der Preis erhöht?

gegeben: alter Grundwert: 1 450 €   **gesucht:** Prozentsatz
            neuer Grundwert: 1 537 €
            Prozentwert: 1537 € – 1 450 € = 87 €

100 % = 1 450
  1 % = 14,50
87 : 14,50 = **6 [%]**

3. Berechne die Erhöhung in Prozent. Rechne wie im obigen Beispiel.

a) alter Grundwert: 2 600 €
   neuer Grundwert: 2 704 €

   Prozentwert: _____

_____

_____

_____

b) alter Grundwert: 3 800 €
   neuer Grundwert: 3876 €

   Prozentwert: _____

_____

_____

_____

c) alter Grundwert: 32 500 €
   neuer Grundwert: 35 100 €

   Prozentwert: _____

_____

_____

_____

d) alter Grundwert: 150 300 €
   neuer Grundwert: 160 821 €

   Prozentwert: _____

_____

_____

_____

e) alter Grundwert: 44 600 €
   neuer Grundwert: 47 053 €

Prozentwert: _____

_____

_____

_____

f) alter Grundwert: 126 900 €
   neuer Grundwert: 138 701,70 €

Prozentwert: _____

_____

_____

_____

4. Berechne die fehlenden Werte. Rechne wie in den obigen Beispielen.

	a)	b)	c)	d)	e)	f)	g)	h)	i)
G (alt)	3 400 €	4 700 €	?	760 €	380 €	?	84,50 €	775,42 €	?
G (neu)	?	4 794 €	612 €	?	551 €	418 €	?	1 060 €	645,70 €
Erhöhung	15 %	?	36 %	51 %	?	8,6 %	12,5 %	?	83,75 %

a) _____

_____

_____

_____

b) _____

_____

_____

_____

c) _____

_____

_____

_____

d) _____

_____

_____

_____

e) _____

_____

_____

_____

f) _____

_____

_____

_____

g) _____

_____

_____

_____

h) _____

_____

_____

_____

i) _____

_____

_____

_____

Preissenkung

Beispiel: Bei einem Jubiläumsverkauf werden alle Waren um 30 % herabgesetzt.
Ein CD-Player kostete ursprünglich 195 €. Wie teuer ist er jetzt?

gegeben: Grundwert: 195 €   oder gegeben: alter Grundwert: 195 €
           Prozentsatz: 3 %   Prozentsatz: 3 %
gesucht: Prozentwert   oder gesucht: neuer Grundwert

100 % = 195   100 % = 195
  1 % = 1,95   1 % = 1,95
 30 % = 1,95 • 30 = 58,50   70 % = 1,95 • 70 = **136,50 [€]**
195 € − 58,50 € = **136,50 [€]**

1. Berechne die Preissenkung in €. Rechne wie in obigen Beispielen. Um beide Möglichkeiten zu üben, kannst du abwechseln.

a) Grundwert: 1 700 €   b) Grundwert: 4 300 €
   Senkung: 15 %   Senkung: 28 %

_____   _____

_____   _____

_____   _____

c) Grundwert: 6 300 €   d) Grundwert: 45 500 €
   Senkung: 45 %   Senkung: 16 %

_____   _____

_____   _____

_____   _____

Beispiel: Ein Büroschrank kostet nach einer Preissenkung von 25 % nur noch 540 €.
Wie teuer war er ursprünglich?

gegeben: neuer Grundwert: 540 €   **gesucht:** alter Grundwert
           Prozentsatz: 25 %

 75 % = 540 €
  1 % = 540 : 75 = 7,20
100 % = 7,20 • 100 = **720 [€]**

2. Berechne den ursprünglichen Preis. Rechne wie im obigen Beispiel.

a) neuer Grundwert: 3 120 €   b) neuer Grundwert: 8 281 €
   Senkung: 35 %   Senkung: 9 %

_____   _____

_____   _____

_____   _____

c) neuer Grundwert: 612 €
   Senkung: 15 %

_____

_____

_____

d) neuer Grundwert: 9 100 €
   Senkung: 65 %

_____

_____

_____

Beispiel: Ein Computerspiel kostete 57,00 €. Nach einer Preissenkung muss der Käufer nur noch 45,60 € bezahlen. Um wie viel Prozent wurde der Preis ermäßigt?

gegeben: alter Grundwert: 57,00 €
           neuer Grundwert: 45,60 €
           Prozentwert: 57,00 € − 45,60 € = 12,40 €

gesucht: Prozentsatz

100 % = 57,00
   1 % = 0,57
11,40 : 0,57 = **20 [%]**

3. Berechne die Senkung in Prozent. Rechne wie im obigen Beispiel.

a) alter Grundwert: 930 €
   neuer Grundwert: 762,60 €

   Prozentwert: _____

_____

_____

_____

b) alter Grundwert: 1 024 €
   neuer Grundwert: 604,16 €

   Prozentwert: _____

_____

_____

_____

c) alter Grundwert: 81 500 €
   neuer Grundwert: 67 645 €

   Prozentwert: _____

_____

_____

_____

d) alter Grundwert: 75 300 €
   neuer Grundwert: 67 017 €

   Prozentwert: _____

_____

_____

_____

e) alter Grundwert: 32 500 €
   neuer Grundwert: 22 425 €

   Prozentwert: _____

_____

_____

_____

f) alter Grundwert: 150 300 €
   neuer Grundwert: 141 282 €

   Prozentwert: _____

_____

_____

_____

4. Berechne die fehlenden Werte. Rechne wie in den obigen Beispielen.

	a)	b)	c)	d)	e)	f)	g)	h)
G (alt)	6 340 €	355 €	?	31 490 €	1 900 €	?	1 040 €	1 540 €
G (neu)	?	213 €	341,55 €	?	1 577 €	730,75 €	?	531,30 €
Senkung	19 %	?	31 %	13 %	?	7,5 %	13,8 %	?

a) _____

b) _____

c) _____

d) _____

e) _____

f) _____

g) _____

h) _____

5. Herr Schieber verdiente 3 430 €. Nachdem er nun in Rente ist, erhält er nur noch 73 % seines ursprünglichen Gehaltes. Wie hoch ist seine Rente?

Wir wissen: _____

_____

Wir rechnen:

Wir antworten: _____

Mehrwertsteuer

Die Mehrwertsteuer, auch Umsatzsteuer genannt, ist in allen Preisen enthalten, die wir zahlen. Sie beträgt zurzeit 19 %, bei Büchern und Lebensmitteln 7 %.
In der Regel sind die Preise, die du im Laden siehst, Endpreise, das heißt die Mehrwertsteuer ist bereits enthalten. Den Preis ohne die Mehrwertsteuer nennt man auch Nettopreis.

In Prozent ausgedrückt sieht das so aus:

Nettopreis + Mehrwertsteuer = Endpreis oder Nettopreis + Mehrwertsteuer = Endpreis
100 %   + 19 %   = 119 %   100 %   + 7 %   = 107 %

> **Tipp:** Hierbei gibt es drei Arten von Aufgabentypen (siehe Beispiele).

1. Beispiel: Eine Autoreparatur kostet 350,30 €. Dazu kommen noch 19 % Mehrwertsteuer. Wie viel muss der Kunde bezahlen?

gegeben: Grundwert: 350,30 €   oder: **gegeben:** Nettopreis: 350,30 €
          Prozentsatz: 19 %   Prozentsatz: 19 %
gesucht: Prozentwert   **gesucht:** Endpreis

100 % = 350,30   oder: 100 % = 350,30
  1 % = 3,503   1 % = 3,503
 19 % = 3,503 • 19 ≈ 66,56   119 % = 3,503 • 119 ≈ **416,86 [€]**
350,30 + 66,56 = **416,86 [€]**

2. Beispiel: Ein Taschenrechner ist im Schaufenster mit 40,65 € ausgezeichnet. In dem Betrag sind 19 % Mehrwertsteuer enthalten. Wie hoch ist der Nettopreis?

gegeben: Endpreis: 40,65 €   **gesucht:** Nettopreis
          Prozentsatz: 19 %

119 % = 40,65
  1 % = 40,65 : 119 ≈ 0,3416
100 % = 0,3416 • 100 = **34,16 [€]**

3. Beispiel: In einer Rechnung sind 45,22 € Mehrwertsteuer enthalten. Wie hoch sind Nettopreis und Endpreis?

gegeben: Mehrwertsteuer = 19 %   **gesucht:** Nettopreis
          Mehrwertsteuer = 45,22 €   Endpreis

 19 % = 45,22
  1 % = 45,22 : 15 = 2,38
100 % = 2,38 • 100 = **238 [€]**   (Nettopreis)
119 % = 238 + 45,22 = **283,22 [€]** (Endpreis)

1. Berechne die fehlenden Werte. Der Mehrwertsteuersatz beträgt jeweils 19 %.

	a)	b)	c)	d)	e)	f)
Nettopreis	2 500 €	?	?	86,20 €	?	?
Endpreis	?	612 €	?	?	5 750 €	?
Mehrwertsteuer	?	?	30,45 €	?	?	319,50 €

a) _____

_____

_____

_____

b) _____

_____

_____

_____

c) _____

_____

_____

_____

d) _____

_____

_____

_____

e) _____

_____

_____

_____

f) _____

_____

_____

_____

2. Berechne die fehlenden Werte. Der Mehrwertsteuersatz beträgt jetzt jeweils 7 %.

	a)	b)	c)	d)
Nettopreis	17,25 €	?	?	78,00 €
Endpreis	?	38,00 €	?	?
Mehrwertsteuer	?	?	2,45 €	?

a) _____

_____

_____

_____

b) _____

_____

_____

_____

c) _____

_____

_____

_____

d) _____

_____

_____

_____

Preisnachlass: Rabatt und Skonto

Bei Barzahlung oder aus besonderem Anlass (z.B. Firmenjubiläum) gewähren viele Firmen einen Preisnachlass. Dieser Nachlass wird von dem Preis, in dem also schon die Mehrwertsteuer enthalten ist, abgezogen.

> **Tipp:** Verkaufspreis (inklusive Mehrwertsteuer) – Preisnachlass = Endpreis
> Auch hier gibt es verschiedene Arten von Aufgabentypen (siehe Beispiele).
> Rechne immer wie in den Beispielen.

1. Beispiel: Familie Kneuser kauft eine Waschmaschine, die 1 550 € kostet.
Da sie bar bezahlen, erhalten sie 3 % Preisnachlass.

gegeben: Grundwert: 1 550 €   oder: **gegeben:** Verkaufspreis: 1 550 €
Prozentsatz: 3 %   Prozentsatz: 3 %
gesucht: Prozentwert   **gesucht:** Endpreis

100 % = 1 550   oder: 100 % = 1 550
1 % = 15,50   1 % = 15,50
3 % = 15,50 • 3 = 46,50   97 % = 15,50 • 97 = **1 503,50 [€]**
1 500 – 46,50 = **1 503,50 [€]**

2. Beispiel: Firma Meyerding hat Firmenjubiläum und gewährt auf alle Artikel einen großzügigen Preisnachlass. Ein Farbfernseher kostet jetzt anstelle von 2 100 € nur noch 1 575 €. Wie hoch ist der Preisnachlass?

gegeben: alter Grundwert: 2 100 €   **gesucht:** Prozentsatz
neuer Grundwert: 1 575 €
Prozentwert: 2 100 € – 1 575 € = 525 €

100 % = 2 100
1 % = 21,00
525 : 21 = **25 [%]**

3. Beispiel: Ein Auto kostet nach dem Abzug von 5 % Preisnachlass noch 33 820 €. Was kostete es ursprünglich?

gegeben: neuer Grundwert: 33 820 €   **gesucht:** alter Grundwert
Prozentsatz: 5 %

95 % = 33 820
1 % = 33 820 : 95 = 356
100 % = 356 • 100 = **35 600 [€]**

1. Berechne die fehlenden Werte. Rechne wie in obigen Beispielen.

	a)	b)	c)	d)
G (alt)	45,70 €	6 500 €	?	760 €
G (neu)	?	6 305 €	611,80 €	?
Nachlass	20 %	?	5 %	30 %

a) _____

_____

_____

_____

b) _____

_____

_____

_____

c) _____

_____

_____

_____

d) _____

_____

_____

_____

Tipp: Wenn mehrere Prozentsätze gegeben sind oder berechnet werden sollen, müssen jeweils neue Berechnungen vorgenommen werden.

Tipp: Prozentsätze dürfen nicht zusammengezählt oder abgezogen werden, da für die Berechnung jeweils ein eigener Grundwert genommen werden muss.

2. Berechne die fehlenden Werte. Rechne wie in obigen Beispielen.

	a)	b)	c)	d)
Nettopreis	6 400 €	?	?	180,50 €
Mehrwertsteuer	19 %	7 %	19 %	7 %
Nachlass	3 %	25 %	5 %	20 %
Endpreis	?	80,25 €	2 000 €	?

a) _____

_____

_____

_____

_____

b) _____

_____

_____

_____

_____

c) _____

_____

_____

_____

d) _____

_____

_____

_____

Sachaufgaben in kleinen Schritten lösen

1. Für ein Schulfest werden 1 000 Brötchen benötigt. Ein Brötchen kostet 35 Cent. Die Bäckerei gewährt der Schule 15 % Preisnachlass. Wie teuer kommen die Brötchen?

Wir wissen: _____

_____

Wir rechnen: Gesamtpreis: Preisnachlass: Preis für 1 Brötchen:

Wir antworten: _____

2. Ein Schäfer hat 20 % seiner Herde verkauft. Der Viehhändler konnte 25 Schafe mitnehmen. Wie groß war die Herde ursprünglich? Wie groß ist sie nach dem Verkauf?

Wir wissen: _____

_____

Wir rechnen: Gesamtherde: Restbestand:

Wir antworten: _____

3. Für seine Wohnung zahlte Herr Schöber 840 € Miete. Das waren 15 % seines Einkommens.
   a) Wie viel verdiente er?
   b) Nach 5 Jahren wird die Miete um 7 % erhöht. Wie viel Miete zahlt er jetzt?

Wir wissen: _____

_____

Wir rechnen: Verdienst: Berechnung der neuen Miete:

Wir antworten: a) _____
            b) _____

4. Bei der Bürgermeisterwahl gingen 76 % der 14 550 wahlberechtigten Bürger zur Wahl.
   a) Wie viel Bürger waren das?
   b) Von den abgegebenen Stimmen entfielen 6 960 auf den Kandidaten A. Wie viel Prozent
   der abgegebenen Stimmen erhielt er?

Wir wissen: _____

_____

Wir rechnen: Gesamtwähler: Anteil in Prozent:

Wir antworten: a) _____

b) _____

5. Beim Verkauf seines gebrauchten Autos erhält Herr Reuter noch 14 536,50 €. Das sind
   55 % des Anschaffungspreises. Wie teuer war das Auto ursprünglich?

Wir wissen: _____

_____

Wir rechnen:

Wir antworten: _____

6. Bei einem Schulfest werden Lose verkauft. In der Lostrommel der Klasse 7a sind 350 Lose
   mit 84 Gewinnchancen. In der Trommel der Klasse 7b sind 450 Lose mit 117 Gewinnen.
   Wo sind die Gewinnchancen größer?

Wir wissen: _____

_____

Wir rechnen: Klasse 7a: Klasse 7b:

Wir antworten: _____

7. Bei der letzten Mathematikprobe erhielten die Schüler der Klasse 7c folgende Noten:

Note 1	Note 2	Note 3	Note 4	Note 5	Note 6
3	5	12	7	4	1

Berechne die Prozentsätze. Runde auf eine Stelle nach dem Komma.

Wir rechnen: Berechnung der Gesamtschüler:

      Note 1:   Note 2:   Note 3:

      Note 4:   Note 5:   Note 6:

8. *Milch enthält 3,5 % Eiweiß, 4 % Fett und 5 % Zucker. Wie viel Gramm dieser Nährstoffe sind in 500 Gramm Milch enthalten?*

Wir wissen: _____

_____

Wir rechnen: Eiweiß: Fett: Zucker:

Wir antworten: _____

9. *Von den 32 Schülern der 7. Klasse sind 20 im Fußballverein, 12 in der Freiwilligen Feuerwehr, 8 im Jugendrotkreuz und 4 in der Jazztanzgruppe.*
a) Wie viel Prozent sind das jeweils?
b) Warum ist hier das Gesamtergebnis der Prozentsätze größer als 100 %?

Wir wissen: _____

_____

Wir rechnen: Fußball: Feuerwehr: Rotkreuz: Jazztanz:

Wir antworten: a) _____

              b) _____

10. Beim Räumungsverkauf eines Geschäftes werden alle Waren 30 % billiger abgegeben.
   a) Herr Schneller kauft ein Radio und spart 72 €. Wie teuer ist das Radio?
   b) Frau Schubert kauft eine Stereoanlage, die vorher 755 € gekostet hat. Wie teuer ist sie jetzt?
   c) Petra kauft einen Taschenrechner, der jetzt 12,25 € kostet. Wie teuer war er ursprünglich?

Wir wissen: _____

_____

Wir rechnen: Herr Schneller: Frau Schubert: Petra:

Wir antworten: a) _____

b) _____

c) _____

11. Herr Scheller erhält eine Rechnung in Höhe von 431,97 €. Auf der Rechnung ist vermerkt:
   „Der Betrag enthält 19 % Mehrwertsteuer. Bei Zahlung innerhalb von 10 Tagen gewähren wir 3 % Preisnachlass."
   a) Wie viel € beträgt die Mehrwertsteuer?
   b) Wie viel muss Herr Scheller bezahlen, wenn er die Rechnung nach 7 Tagen überweist?

Wir wissen: _____

_____

Wir rechnen: Berechnung der Mehrwertsteuer: Berechnung des Preisnachlasses:

Wir antworten: a) _____

b) _____

12. Eine Feuerversicherung übernimmt 85 % eines Brandschadens, der sich auf 14 500 € beläuft. Wie viel muss sie auszahlen?

Wir wissen: _____

_____

Wir rechnen:

Wir antworten: _____

13. Ein Paar Schischuhe werden von 195 € auf 156 € herabgesetzt. Wie viel Prozent sind sie billiger?

Wir wissen: _____

_____

Wir rechnen:

Wir antworten: _____

14. Der Monatslohn eines Angestellten wird um 4 % und nach einem halben Jahr nochmals um 2 % erhöht. Er erhält jetzt 2 439,84 €.
a) Wie viel verdiente er ursprünglich? (Ein Tipp: Rechne in zwei Schritten!)
b) Um wie viel Euro wurde der Lohn jedes Mal erhöht?

Wir wissen: _____

_____

Wir rechnen: ursprünglicher Lohn: 1. Erhöhung: 2. Erhöhung:

Wir antworten: a). _____

b) _____

15. Bei Barzahlung kostet ein Fernseher 850 €, abzüglich 3 % Preisnachlass. Bei
   Ratenzahlung muss der Kunde 12 Monatsraten zu je 73 € bezahlen.
   a) Wie teuer kommt der Fernseher bei Barzahlung?
   b) Wie viel zahlt der Kunde insgesamt bei der Ratenzahlung?
   c) Wie viel Prozent mehr zahlt der Kunde bei Ratenzahlung im Verhältnis zum
      Barzahlungspreis?

Wir wissen: _____

_____

Wir fragen: _____

Wir rechnen: Preis bei Barzahlung: Preis bei Ratenzahlung: Berechnung der Prozent:

Wir antworten: a) _____

b) _____

c) _____

16. Weizen enthält 67 % Stärke, 12 % Eiweiß, 2 % Fett, 2,5 % Fasern, 1,5 % Salz und
   15 % Wasser. Wie viel Gramm von jedem Bestandteil sind in 2,5 kg Weizen enthalten?

Wir wissen: _____

_____

Wir rechnen: Stärke: Eiweiß: Fett:

Fasern: Salz: Wasser:

Wir antworten: _____

17. Herr Scheuner ist Vertreter. Er erhält ein monatliches Grundgehalt von 1 570 €. Im vergangenen Monat konnte er 53 700 € Umsatz erzielen. Davon erhält er 6,1 % Provision.
a) Wie viel verdiente er insgesamt im vergangenen Monat?
b) 35 % davon spart Herr Scheuner. Wie viel konnte er in diesem Monat zurücklegen?

Wir wissen: _____

_____

Wir rechnen: Berechnung der Provision: Monatsverdienst: Sparsumme:

Wir antworten: a) _____

b) _____

18. Laut Preisliste kostet ein Auto 18 500 €. Dazu kommen aber noch 3 570 € für Sonderwünsche, 460 € für die Überführung und 19 % Mehrwertsteuer.
a) Wie viel muss der Kunde insgesamt bezahlen, wenn er bei Barzahlung einen Preisnachlass von 5,5 % erhält?
b) Um wie viel Prozent hat sich das Fahrzeug gegenüber dem Listenpreis verteuert? (Für diese Berechnung wird der Preisnachlass bei Barzahlung nicht berücksichtigt).

Wir wissen: _____

_____

Wir rechnen: Mehrwertsteuer: Preisnachlass: Barzahlungspreis:

Verteuerung in €:   Verteuerung in %:

Wir antworten: a) _____

b) _____

19. Ein Fußball, der 74 € gekostet hatte, wird mit den Unterschriften des Deutschen Meisters für einen sozialen Zweck amerikanisch versteigt. Herr Spürer ersteigert ihn für 684,50 €. Wie viel Prozent betrug der Gewinn?

Wir wissen: _____

_____

Wir rechnen:

Wir antworten: _____

20. Der „Billige Jakob" preist auf dem Jahrmarkt Taschenmesser für 5,55 an. Er hat 600 Messer für 354 € eingekauft. Davon haben 37 Messer einen solchen Materialfehler, dass er sie nicht verkaufen kann. Wie viel Prozent Gewinn macht er trotzdem pro Messer?

Wir wissen: _____

_____

Wir rechnen: Einkaufspreis pro Messer: Gewinn pro Messer: Gewinn in €:

Wir antworten: _____

21. Für einen Basar der Lebenshilfe werden kleine Gummibälle eingekauft.
   Das Stück kostet 15 Cent.
   a) Wie teuer muss ein Ball mindestens verkauft werden, wenn man einen Gewinn von 1 500 % erzielen will?
   b) Wie viele Euro Gewinn macht die Lebenshilfe, wenn 250 Bälle eingekauft werden und alle einen Abnehmer finden?

Wir wissen: _____

_____

Wir rechnen: Verkaufspreis pro Ball: Gesamtgewinn:

Wir antworten: a) _____

b) _____

5. Prozentrechnen – Brutto – Netto – Tara

Brutto – Netto – Tara

Tipp: Die Begriffe **Brutto**, **Netto** und **Tara** kommen aus der Kaufmannssprache.

Brutto = Netto + Tara   das heißt: Gesamtgewicht = Inhalt + Verpackung

Die drei Grundtypen von Aufgaben

a) **geg.:** Brutto = 450 kg   b) **geg.:** Brutto = 730 kg   c) **geg.:** Tara = 11,40 kg
    Netto = 378 kg   Tara = 80,30 kg   Tara = 30 %
  ges.: Tara (kg;   %)   **ges.:** Netto (kg); Tara (%)   **ges.:** Brutto, Netto (kg);

Tara = 450 – 378 = **72 [kg]**   Netto = 730 – 80,30 = **649,70 [kg]**   30 % = 11,40
100 % = 450   100 % = 730   1 % = 11,40 : 30 = 0,38
  1 % = 4,50   1 % = 7,30   100 % = 0,38 • 100 = **38 [kg]**
72 : 4,50 = **16 [%]**   80,30 : 7,30 = **11 [%]**   Netto = 38 – 11.40 = **26,60 [kg]**

1. Berechne die fehlenden Werte in der Tabelle. Schreibe wie in den Beispielen.

	a)	b)	c)	d)	e)	f)	g)	h)
Brutto	12,50 kg	47,50 kg	?	2 500 kg	65,90 kg	?	204,50 kg	775 kg
Netto	10,75 kg	?	?	2 150 kg	?	?	159,51 kg	?
Tara kg	?	4,75 kg	105 kg	?	5,90 kg	24,30 kg	?	175 kg
Tara %	?	?	20 %	?	?	15 %	?	?

a) _____   b) _____

_____   _____

_____   _____

_____   _____

c) _____   d) _____

_____   _____

_____   _____

_____   _____

e) _____   f) _____

_____   _____

_____   _____

_____   _____

g) _____

  _____

  _____

  _____

h) _____

  _____

  _____

  _____

Tipp: Brutto und Netto werden aber auch im Zusammenhang mit dem Lohn verwendet.
Bruttolohn – Abzüge = Nettolohn

Abzüge sind Lohnsteuer, Kirchensteuer und Sozialabgaben. Die Kirchensteuer
wird immer abhängig von der Lohnsteuer berechnet.

Rechenbeispiel: Bruttolohn   3 520,00 €
                    Lohnsteuer (20,2 %)   – 711,04 €
                    Kirchensteuer (8 % von 711,04 €)   – 56,88 €
                    Nettolohn   **2 752,08 €**

2. Rechne wie im Beispiel.

a) Bruttolohn: 2 790 €;   Lohnsteuer: 17,9 %;   Kirchensteuer: 8 %

  _____

  _____

  _____

  _____

b) Bruttolohn: 4 620 €;   *Lohnsteuer: 24 %;*   *Kirchensteuer: 8 %*

  _____

  _____

  _____

  _____

c) Bruttolohn: 5 700 €;   Lohnsteuer: 24,9 %;   Kirchensteuer: 8 %

  _____

  _____

  _____

  _____

6. Prozentrechnen – Prozentsätze darstellen

Prozentsätze in Schaubildern darstellen

Das Streifendiagramm

Beispiel: In einer Mittelschule sind 480 Schüler. 25 % kommen mit dem Fahrrad in die Schule, 45 % mit dem Bus und der Rest zu Fuß. Stelle die Prozentsätze in einem Streifendiagramm dar.

Tipp: Für das Streifendiagramm wählst du am besten eine einfache Maßeinheit, z.B. 10 cm. Die Breite des Streifens ist beliebig, allerdings solltest du ihn nicht zu klein zeichnen. Nimm mindestens 1 cm.

Dieser Streifen entspricht 100 %, in unserem Fall also den 480 Schülern.

So gehst du nun vor: – rechne die Prozentsätze in cm um,
– zeichne das Streifendiagramm,
– miss die einzelnen Längen ab,
– beschrifte sie.

100 % ≙ 10 cm
 25 % ≙ 2,5 cm
 45 % ≙ 4,5 cm
 30 % ≙ 3,0 cm

Fahrrad	Bus	zu Fuß

1. Ein Landwirt hat 120 ha Land. 15 % sind mit Mais bepflanzt, 35 % mit Weizen, 20 % mit Gerste und der Rest mit Kartoffeln. Stelle die Prozentsätze in einem Streifendiagramm dar, Länge 10 cm, und beschrifte es.

2. In einer Schulklasse haben 65 % der Schüler die deutsche Staatsangehörigkeit, 12 % kommen aus der Türkei, 14 % aus Italien und der Rest aus Griechenland. Zeichne nun selbst ein Streifendiagramm (Länge 15 cm), übertrage die Prozentsätze und beschrifte es.

3. Lies aus folgendem Streifendiagramm die Prozentsätze ab und schreibe sie auf. Es stellt die Verkehrsdichte an einer Kreuzung dar.

Auto		Motorrad	Fahrrad		Fuß

Autofahrer: _____ %;　　　　Motorradfahrer: _____ %;

Radfahrer: _____ %;　　　　Fußgänger: _____ %

Das Blockdiagramm

Es ist dem Streifendiagramm sehr ähnlich, nur dass es senkrecht gezeichnet wird.

Beispiel: Bei einer Erdkundeprobe erhielten 9 % der Schüler die Note 1, 15 % die Note 2, 55 % die Note 3, 12 % die Note 4, 7 % die Note 5 und der Rest die Note 6.

Tipp: So gehst du bei der Zeichnung eines Blockdiagramms vor:

– zeichne ein Koordinatensystem
– die Höhe sollte etwa 1 cm länger sein als die längste Säule
– die Breite richtet sich nach der Anzahl der Blöcke;　　pro Block brauchst du 1 cm
– rechne die Prozentsätze in cm um,
– zeichne die einzelnen Blöcke ein
– beschrifte sie.

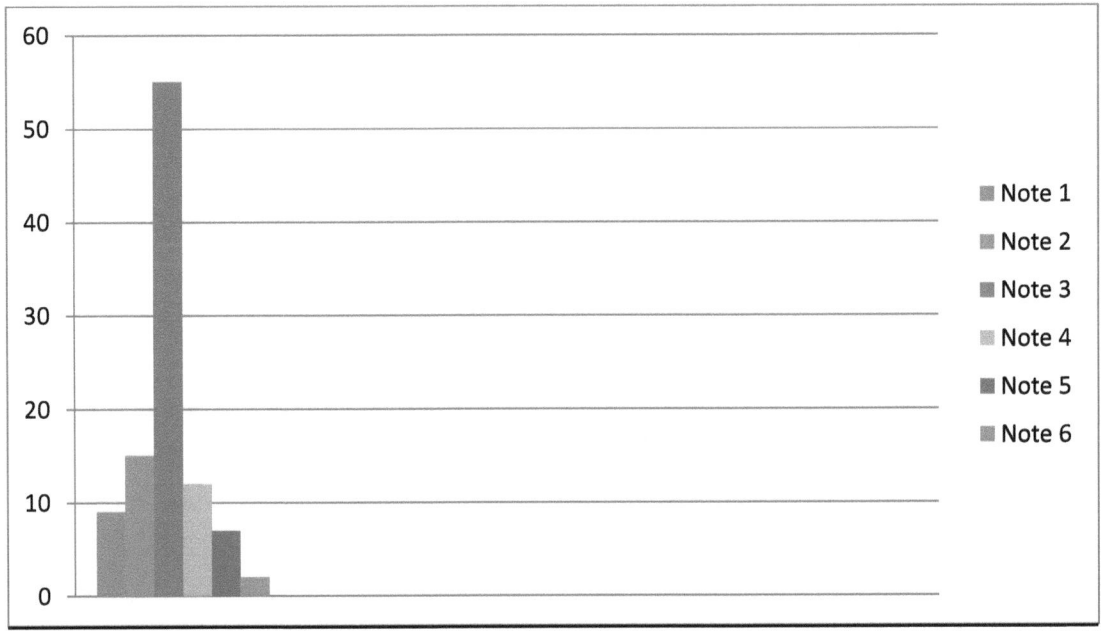

1. In einer Biologieprobe erhielten 3 % der Schüler die Note 1,   7 % die Note 2,   63 % die
Note 3,   15 % die Note 4;   7 % die Note 5 und der Rest die Note 6.
Zeichne ein Blockdiagramm und beschrifte es.

2. In der Tabelle siehst du die Mahlleistung einer Mühle im Laufe eines Jahres.

Jan.	Febr.	März	April	Mai	Juni	Juli	Aug.	Sept.	Okt.	Nov.	Dez.
50 kg	30 kg	60 kg	80 kg	90 kg	50 kg	70 kg	80 kg	75 kg	55 kg	60kg	65 kg

a) Berechne die gesamte Mahlleistung.
b) Rechne die Leistung der einzelnen Monate in Prozentsätze um. Runde auf eine
    Stelle nach dem Komma.
c) Zeichne ein Blockdiagramm.

a)   c) Blockdiagramm:

b)

Das Kreisdiagramm

Das Kreisdiagramm ist eine häufig verwendete graphische Darstellung von Prozentsätzen. Man sieht sie oft in der Zeitung.

Beispiel: Ein Haushalt gibt 20 % seines Einkommens für Miete, 45 % für Lebensmittel, 10 % für Versicherungen, 20 % für das Auto und den Rest für Urlaub und Sonstiges aus. Zeichne ein Kreisdiagramm (r = 3 cm).

Tipp: So gehst du am besten vor:

Die Prozentsätze werden in Winkelgrade umgerechnet. Ein Kreis hat einen Mittelpunktswinkel von 360°, das entspricht 100 % und damit dem Ganzen. Zeichne also erst einen Kreis.

Berechne dann die Winkelgraden und schreibe dafür das „≙"-Zeichen (= entspricht).

Rest: 5 %

Berechnung der Winkelgrade:

$$100\ \% \triangleq 360°$$
$$1\ \% \triangleq 3{,}6°$$
$$20\ \% \triangleq 3{,}6 \cdot 20 \triangleq 72°$$
$$45\ \% \triangleq 3{,}6 \cdot 45 \triangleq 162°$$
$$10\ \% \triangleq 3{,}6 \cdot 10 \triangleq 36°$$
$$20\ \% \triangleq 3{,}6 \cdot 29 \triangleq 72°$$
$$5\ \% \triangleq 3{,}6 \cdot 5 \triangleq 18°$$

Zeichnung:

Zeichne einen Kreis mit dem Radius r = 3 cm.
Trage im Uhrzeigersinn die einzelnen Grade an und beschrifte die Felder.

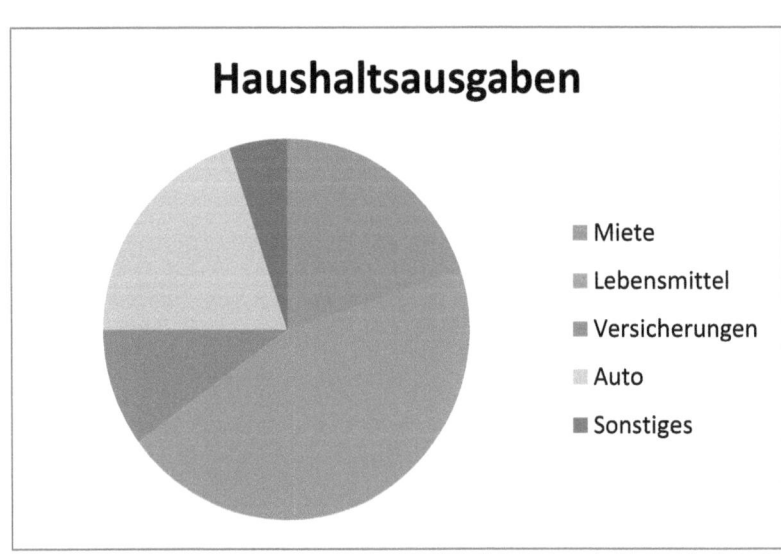

Haushaltsausgaben

- Miete
- Lebensmittel
- Versicherungen
- Auto
- Sonstiges

1. *In der einem Land verteilt sich der Verbrauch an Energie wie folgt: Industrie 35 %,
Verkehr 25 %, Haushalte 30 % und der Rest geht an Kleinverbraucher.
Zeichne ein Kreisdiagramm (r = 3 cm).*

Umrechnung in Winkelgrade: **Darstellung im Prozentkreis:**

Industrie: _____

Verkehr: _____

Haushalte: _____

Kleinverbraucher: _____

2. *In einer Großstadt waren im Monat März 240 Jugendliche an Verkehrsunfällen beteiligt.
40 % hatten beim Überqueren der Fahrbahn nicht aufgepasst, 20 % waren als Radfahrer
in Verkehrsunfälle verwickelt, 15 % hatten die Vorfahrt nicht beachtet, 5 % gaben nicht
rechtzeitig Richtungszeichen, 3 % hatten parkende Fahrzeuge beschädigt und der Rest
hatte sich anderweitig unvorsichtig verhalten.
Stelle den Sachverhalt in einem Prozentkreis (r = 4 cm) dar.*

Umrechnung in Winkelgrade: **Darstellung im Prozentkreis:**

Überqueren: _____

Radfahrer: _____

Vorfahrt: _____

Richtungszeichen _____

Beschädigungen: _____

Sonstige: _____

3. Bei einer Bürgermeisterwahl entfielen von den 6 721 abgegebenen Stimmen auf den Kandidat A 2 345 Stimmen, auf den Kandidat B 2 567 Stimmen, auf den Kandidat C 1 325 Stimmen. Der Rest der Stimmen war ungültig.
   a) Berechne die Prozentsätze und runde auf ganze Prozent.
   b) Zeichne ein Kreisdiagramm (r = 3 cm).

a) Berechnung der Prozentsätze   b) Darstellung im Prozentkreis

Umrechnung in Winkelgrade

Kandidat A: _____

Kandidat B: _____

Kandidat C: _____

Reststimmen: _____

7. Prozentrechnen – Rechnen mit der Prozentformel

Die Prozentformel

Tipp: Hierbei gibt es zu den drei Grundaufgaben auch drei Formeln:
Grundwert (G) gesucht: Prozentwert (P) gesucht: Prozentsatz (p) gesucht:

$$G = \frac{P \cdot 100}{p} \qquad P = \frac{G \cdot p}{100} \qquad p = \frac{P \cdot 100}{G}$$

Rechne wie in den Beispielen.

Beispiele:

geg.: Prozentwert (P): 150 €
        Prozentsatz (p): 5 %
ges.: Grundwert (G)

geg.: Grundwert (G): 4 500 €
        Prozentsatz (p): 6 %
ges.: Prozentwert (P)

geg.: Grundwert (G): 6 700 €
        Prozentwert (P); 335 €
ges.: Prozentsatz (p)

$$G = \frac{P \cdot 100}{p} \qquad P = \frac{G \cdot p}{100} \qquad p = \frac{P \cdot 100}{G}$$

$$G = \frac{150 \cdot 100}{5} \qquad P = \frac{4500 \cdot 6}{100} \qquad p = \frac{335 \cdot 100}{6700}$$

$$G = \textbf{3000 [€]} \qquad P = \textbf{270 [€]} \qquad p = \textbf{5 [%]}$$

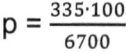

1. Berechne die fehlenden Werte in der Tabelle. Benutze die Prozentformeln.

	a)	b)	c)	d)	e)	f)	g)	h)
G	3 500 €	?	4 800 €	1 450 kg	?	23,40 m	73,50 hl	?
P	315 €	564 €	?	60,90 kg	975 €	?	10,29 hl	476
p	?	6 %	12 %	?	19,5 %	3,8 %	?	13,6 %

a) Formel: _____

_____

_____

b) Formel: _____

_____

_____

c) Formel: _____

_____

_____

d) Formel: _____

_____

_____

e) Formel: _____

_____

_____

f) Formel: _____

_____

_____

g) Formel: _____

_____

_____

h) Formel: _____

_____

_____

Tipp: Wenn du das Rechnen mit Gleichungen beherrscht, musst du dir nur eine Formel merken und löst sie nach der Unbekannten auf.

$$\text{Formel:}\quad p = \frac{P \cdot 100}{G}$$

Beispiele: geg.: G = 400 €;   **geg.:** P = 250 €;   **geg.:** G= 1 200 €;

        p = 21 %;   p = 8 %;   P = 48 €:

ges.: P   **ges.:** G   **ges.:** p

$$p = \frac{P \cdot 100}{G} \qquad p = \frac{P \cdot 100}{G} \qquad p = \frac{P \cdot 100}{G}$$

$$21 = \frac{P \cdot 100}{400} \text{ (kürzen)} \qquad 8 = \frac{250 \cdot 100}{G} \,/\, G \qquad p = \frac{48 \cdot 100}{1200} \text{ (kürzen)}$$

$$21 = \frac{P}{4} \,/\, \cdot 4 \qquad\qquad 8 \cdot G = 25\,000 \,/\, :8 \qquad\qquad p = \frac{48}{12} \,/\, :12$$

$$P = \mathbf{84}\ [\mathbf{€}] \qquad\qquad G = \mathbf{3\,125}\ [\mathbf{€}] \qquad\qquad p = \mathbf{4}\ [\mathbf{\%}]$$

2. Berechne die fehlenden Werte in der Tabelle. Benutze immer die gleiche Prozentformel.

	a)	b)	c)	d)	e)	f)	g)	h)
G	1 425 €	?	150,90 m	0,50 hl	?	36,40 dm	42,25 €	?
P	156,75 €	362,90 km	?	0,40 hl	1 325 €	?	0,63 €	840 €
p	?	9,5 %	1,5 %	?	2,5 %	0,75 %	?	21 %

a) Formel: _____

_____

_____

b) Formel: _____

_____

_____

c) Formel: _____

_____

_____

d) Formel: _____

_____

_____

e) Formel: _____

_____

_____

f) Formel: _____

_____

_____

g) Formel: _____

_____

_____

h) Formel: _____

_____

_____

8. Prozentrechnen mit dem Taschenrechner

Tipp: Wer das Rechnen mit dem Taschenrechner beherrscht, kann sehr vorteilhaft beim Prozentrechnen rechnen. Voraussetzung ist ein Taschenrechner, der die „%"-Taste besitzt.

Allerdings musst du vor Eingabe der Zahlen erkennen, was Grundwert, Prozentwert oder Prozentsatz ist.

Die Prozenttaste erspart die Rechenoperation • 100 oder : 100

Beispiele:

	geg.: P: 318 €	**geg.:** G: 9 200 €	**geg.:** G: 4 900 €
	p: 6 %	p: 12 %	P: 882 €
	ges.: G	**ges.:** P	**ges.:** p

so tippst du ein:	318 ÷ 6 %	9 200 • 12 %	882 ÷ 4 900 %
Ergebnis:	**5 300 [€]**	**1 104 [€]**	**18 [%]**

1. Berechne die fehlenden Werte in der Tabelle. Rechne mit Taschenrechner, schreibe aber auf, was du eintippst.

	a)	**b)**	**c)**	**d)**	**e)**	**f)**	**g)**	**h)**
G	?	43 000 €	107,50 €	?	335 kg	4 500 €	?	19,95 m
P	5 780 €	?	25,80 €	2 500 €	?	760,50 €	366,63 €	?
p	17 %	29 %	?	2 %	96 %	?	33 %	78 %

	i)	**j)**	**k)**	**l)**	**m)**	**n)**	**o)**	**p)**	**q)**
G	?	650 €	970 €	?	120 kg	410 €	3 400 €	420 l	420 m
P	924 €	?	64,02 €	153,60 €	?	512,50 €	66,30 €	?	71,4 m
p	77 %	143 %	?	16 %	13 %	?	?	7,1 %	?

a) _____   b) _____

c) _____   d) _____

e) _____   f) _____

g) _____   h) _____

i) _____   j) _____

k) _____   l) _____

m) _____   n) _____

o) _____   p) _____

q) _____

9. Prozentrechnen – Erhöhung und Minderung des Grundwertes

Erhöhung des Grundwertes

Drei Beispiele zu den Grundaufgaben:

a) Rechnen mit dem Dreisatz:

Endwert gesucht:	Grundwert gesucht:	Erhöhung gesucht:
Eine Urlaubsreise ins Ausland kostet 2 995 €. In der Hauptsaison werden die Preise um 112 % erhöht. Was kostet die Reise jetzt?	Eine Autofirma konnte ihre Jahresleistung um 5 % erhöhen und produziert jetzt 4 725 Autos. Wie viele waren es vorher?	Herr Schöner verdiente ursprünglich 2 730 €. Nach einer Lohnerhöhung bekommt er jetzt 2 811,90 €. Um wie viel % hat sich sein Lohn erhöht?

100 % = 2 995
    1 % = 29,95
112 % = 29,05 · 112
        = 3 354,40 [€]
	105 % = 4 725
	    1 % = 4 725 : 105 = 45
	100 % = **4 500 [Autos]**
		100 % = 2 730
		    1 % = 27,30
		2811,90 : 27,30 = 103 [%]
		Erhöhung um **3 %**

b) Rechnen mit dem Taschenrechner – Tippe folgende Tastenfolge:

Endwert gesucht:	Grundwert gesucht:	Erhöhung gesucht:
2 995 · 112 %	4725 ÷ 105 %	2811,90 ÷ 2730 %
		Ergebnis: 103 [%]
Ergebnis: 3 354,40 [€]	**Ergebnis: 4 500 [Autos]**	**Erhöhung: 3 %**

1. Berechne die fehlenden Werte in der Tabelle. Rechne mit und ohne Taschenrechner.

	a)	b)	c)	d)	e)	f)
Grundwert	12,20 kg	125,50 €	?	650 €	14,30 km	?
Endwert	13,42 kg	?	1 725 €	757,25 €	?	36,75 l
Erhöhung	?	18 %	38 %	?	5 %	22,5 %

a) _____   b) _____

_____   _____

_____   _____

c) _____   d) _____

_____   _____

_____   _____

e) _____   f) _____

_____   _____

_____   _____

Minderung des Grundwertes

Drei Beispiele zu den Grundaufgaben:

Endwert gesucht:	Grundwert gesucht:	Minderung gesucht:
Eine Mittelschule hatte 440 Schüler. Im vergangenen Jahr ist die Zahl um 5 % zurückge- gangen.	Ein Radiowecker wurde um 15 % herabgesetzt und kostet jetzt 40,80 €.	Frau Mehrlich hatte einen Stundenlohn von 21,50 €. Jetzt verdient sie nur noch 20,64 €.

a) Rechnen mit dem Dreisatz:

Endwert gesucht:	Grundwert gesucht:	Minderung gesucht:

100 % = 440
  1 % = 4,40
 95 % = 4,40 • 95
    = **418 [Schüler]**
	85 % = 40,80
	  1 % = 40,80 : 85 = 0,48
	100 % = **48 [€]**
		100 % = 21,50
		  1 % = 0,215
		20,64 : 0,215 = 96 [%]
		Minderung um 4 %

b) Rechnen mit dem Taschenrechner – Tippe folgende Tastenfolge:

Endwert gesucht:	Grundwert gesucht:	Minderung gesucht:
440 • 95 %	40,80 ÷ 85 %	20,64 ÷ 21,50 %
		Ergebnis: 96 [%]
Ergebnis: 418 [Schüler]	**Ergebnis: 48 [€]**	**Minderung um 4 %**

2. Berechne die fehlenden Werte in der Tabelle. Rechne mit und ohne Taschenrechner.

	a)	b)	c)	d)	e)	f)
Grundwert	35,40 kg	44 500 €	?	550 €	31,20 km	?
Endwert	30,09 kg	?	1 375 €	533,50 €	?	41,10 l
Minderung	?	28 %	45 %	?	5,5 %	17,8 %

a) _____

_____

_____

b) _____

_____

_____

c) _____

_____

_____

d) _____

_____

_____

e) _____

_____

_____

f) _____

_____

_____

Sachaufgaben in kleinen Schritten lösen

Tipp: Überlege bei jeder Aufgabe, welcher Wert der Grundwert, also 100 % ist. Davon hängt die Art der Rechnung ab.

1. Herr Schnell zahlt jährlich 745 € Haftpflichtversicherung für sein Auto. Nach mehreren Unfällen wird die Versicherung auf 879,10 € erhöht. Berechne die Erhöhung in Prozent.

Wir wissen: _____

_____

Wir rechnen:

Wir antworten: _____

2. Ein Kleid wurde wegen einer kleinen Verschmutzung von 235 € auf 164,50 € herabgesetzt. Wie hoch ist die Preisminderung in Prozent?

Wir wissen: _____

_____

Wir rechnen:

Wir antworten: _____

3. Eine Versicherung übernimmt 85 % eines Schadens. Nach Abschluss des Schadensfalls erhält der Versicherungsnehmer 15 300 €. Wie hoch war der tatsächliche Schaden?

Wir wissen: _____

_____

Wir rechnen:

Wir antworten: _____

4. *Der Preis eines Neuwagens wird im neuen Jahr um 6 % erhöht. Das Auto kostet jetzt 55 120 €. Wie hoch war der Preis im vergangenen Jahr?*

Wir wissen: _____

_____

Wir rechnen:

Wir antworten: _____

5. *Ein Landwirt kann die Ernte des Vorjahres von 19 t Weizen im nächsten Jahr um 5,5 % steigern. Wie viel kann er jetzt ernten?*

Wir wissen: _____

_____

Wir rechnen:

Wir antworten: _____

6. *Landwirt Sieber muss den Bestand seiner Kühe um 20 % vermindern. Er hat jetzt 210 Kühe. Wie viele Kühe hat er dann noch?*

Wir wissen: _____

_____

Wir rechnen:

Wir antworten: _____

10. Prozentrechnen – Gewinn, Verlust, Mehrwertsteuer

Dieses Kapitel ist die Anwendung des bisher Gelernten. Um mit den Begriffen Gewinn, Verlust und Mehrwertsteuer richtig umgehen zu können, musst du wissen, wie ein Händler kalkuliert. Die Begriffe erklären wir dir mit der folgenden Übersicht.

Bezugspreis = 100 %	Diesen Betrag zahlt der Händler selbst für die Ware.
+ Unkosten	z. B. Lohn für Mitarbeiter, Miete, Werbung, Autokosten, ...
= **Selbstkostenpreis** = 100 %	
+ / - Gewinn oder Verlust	Verlust z.B. durch verdorbene Ware oder Fehler
= **Verkaufspreis** = 100 %	100 %
+ Mehrwertsteuer	bei allen Waren 19 %, bei Büchern und Lebensmitteln 7 %
= **Endpreis**	so ist die Ware im Geschäft oder Schaufenster ausgezeichnet
– Preisnachlass	häufig bei Barzahlung
= **Barzahlungspreis**	das zahlt der Käufer

Jetzt geben wir dir einige wichtige Tipps.

> **1. Tipp:** Für die Berechnung des **Selbstkostenpreises** ist der Bezugspreis der Grundwert (= 100 %). Der Selbstkostenpreis ist der Endwert.
>
> **2. Tipp:** Für die Berechnung des **Verkaufspreises** ist der Selbstkostenpreis der Grundwert (= 100 %). Der Verkaufspreis ist der Endwert.
>
> **3. Tipp:** Für die Berechnung des **Endpreises** ist der Verkaufspreis der Grundwert (= 100 %). Der Endpreis ist der Endwert.
>
> **4. Tipp:** Für die Berechnung des **Barzahlungspreises** ist der Endpreis der Grundwert (= 100 %). Der Barzahlungspreis ist der Endwert.

Das üben wir nun an einigen Beispielen.

1. Beispiel: Ein Kaufmann kalkuliert folgendermaßen: Er kauft einen Teppich für 2 400 € ein. Für die Unkosten schlägt er 15 % auf, als Gewinn berechnet er 30 %. Dazu kommt die Mehrwertsteuer. Wie viel muss der Käufer zahlen, wenn er bei Barzahlung 2 % Preisnachlass erhält?

Berechnung des Selbstkostenpreises:

100 % = 2 400
  1 % = 24
115 % = 24 • 115 = **2 760 [€]**

Berechnung des Verkaufspreises:

100 % = 2 760
  1 % = 27,60
130 % = 27,60 • 130 = **3 588 [€]**

Berechnung des Endpreises:

100 % = 3 588
  1 % = 35,88
119 % = 35,88 • 119 = **4 269,20 [€]**

Berechnung des Barzahlungspreises:

100 % = 4 269,20
  1 % = 42,692
 98 % = 42,692 • 98 ≈ **4 184,33 [€]**

Rechnen mit dem Taschenrechner

Du kannst hier nacheinander eintippen:

2 400 • 115 % • 130 % • 119 % • 98 %   Ergebnis ≈ **4 184,33 [€]**

2. Beispiel: Ein Händler kalkuliert folgendermaßen:
Er kauft einen Posten Restware für 4 300 € ein. Für die Unkosten schlägt er 25 % auf. Da er die Ware nicht verkaufen kann, muss er sie mit einem Verlust von 10 % abgeben. Dazu kommt die Mehrwertsteuer.

Berechnung des Selbstkostenpreises   **Berechnung des Verkaufspreises:**

100 % = 4 300   100 % = 5 375
  1 % = 43   1 % = 53,75
125 % = 43 • 125 = **5 375 [€]**   90 % = 53,75 • 90 = **4 837,50 [€]**

Berechnung des Endpreises:

100 % = 4 837,50
  1 % = 48,375
119 % = 48,375 • 119 ≈ **5 756,63 [€]**

Rechnen mit dem Taschenrechner

Du kannst hier nacheinander eintippen:

4 300 • 125 % • 90 % • 119 %   Ergebnis ≈ **5 756,63 [€]**

3. Beispiel: Ein Händler kalkuliert folgendermaßen:
Unkosten 25 %;   Gewinn 30 %;   Mehrwertsteuer 19 %.
Ein Kunde kauft einen Farbfernseher. Da er bar bezahlt, erhält er 3 % Preisnachlass und zahlt 1 975 €. Wie teuer hat der Händler den Fernseher eingekauft?

Berechnung des Endpreises: **Berechnung des Verkaufspreises:**

 97 % = 1 975   119 % = 2 036,08
  1 % = 1975 : 97 ≈ 20,3608   1 % = 2026,08 : 119 ≈ 17,1099
100 % = **2 036,08 [€]**   100 % = **1 710,99 [€]**

Berechnung des Selbstkostenpreises: **Berechnung des Bezugspreises:**

130 % = 1 710,99   125 % = 1 316,15
  1 % = 1 710,99 : 130 ≈ 13,1615   1 % = 1 316,15 : 125 ≈ 10,5292
100 % ≈ **1 316,15 [€]**   100 % ≈ **1 052,92 [€]**

Rechnung mit dem Taschenrechner

Du kannst hier nacheinander Eintippen:

1 975 ÷ 97 % ÷ 119 % ÷ 130 % ÷ 125 %   Ergebnis ≈ **1 052,92 [€]**

1. Berechne die fehlenden Werte in der Tabelle. Rechne mit dem Dreisatz. Runde sinnvoll.

	a)	b)	c)	d)	e)	f)	g)	h)
Bezugspreis	450 €	6 700 €	?	?	380 €	2,50 €	?	775,50 €
Unkosten	15 %	20 %	18 %	18 %	22 %	12 %	22,5 %	18,5 %
Gewinn	25 %	–	30 %	–	28 %	30 %	–	35 %
Verlust	–	12 %	–	7 %	–	–	11 %	–
MwSt.	19 %	19 %	7 %	19 %	7 %	19 %	19 %	19 %
Preisnachlass	3 %	5 %	–	–	1,5 %	2 %	–	2,5 %
Barzahlungspreis	?	?	1,15 €	600 €	?	?	45 399 €	?

a) _____

_____

_____

_____

_____

b) _____

_____

_____

_____

_____

c) _____

_____

_____

_____

_____

d) _____

_____

_____

_____

_____

e) _____

_____

_____

_____

_____

f) _____

_____

_____

_____

_____

g) _____

_____

_____

_____

_____

h) _____

_____

_____

_____

_____

2. *Berechne die fehlenden Werte in der Tabelle. Rechne jetzt mit dem Taschenrechner. Schreibe aber die genaue Reihenfolge auf, in der du tippst. Runde am Schluss das Ergebnis.*

	a)	b)	c)	d)	e)	f)	g)
Bezugspreis	?	4 300 €	?	22 900 €	?	19,50 €	?
Unkosten	17,5 %	23 %	24,5 %	21 %	19,3 %	18,2 %	17,8 %
Gewinn	–	18,5 %	–	28 %	–	25,6 %	29 %
Verlust	11,5 %	–	9,3 %	–	8 %	–	–
MwSt.	7 %	19 %	19 %	19 %	19 %	7 %	19 %
Preisnach-lass	–	4,5 %	–	8 %	–	3 %	1,7 %
Barzahlungs–preis	125,30 €	?	2 659 €	?	24,30 €	?	21 500 €

	h)	i)	j)	k)	l)	m)	n)
Bezugspreis	?	6 400 €	?	4 500 €	?	27 €	?
Unkosten	18 %	16 %	20 %	18 %	20,1 %	30 %	19 %
Gewinn	–	9 %	–	30 %	–	10 %	40 %
Verlust	10 %	–	6 %	–	3 %	–	–
MwSt.	19 %	7 %	19 %	7 %	19 %	7 %	19 %
Preisnach-lass	–	1,5 %	–	4 %	–	1 %	2 %
Barzah-lungspreis	250 €	?	6 000 €	?	56,30 €	?	26 000 €

a) _____

b) _____

c) _____

d) _____

e) _____

f) _____

g) _____

h) _____

i) _____

j) _____

k) _____

l) _____

m) _____

n) _____

Sachaufgaben in kleinen Schritten lösen

*1. Herr Beist beklagt sich, dass nach einer Preiserhöhung von 9 % ein Mantel jetzt 299,75 €
kostet. Was kostete er vorher?*

Wir wissen: _____

_____

Wir rechnen:

Wir antworten: _____

*2. In einem Fachgeschäft wird ein Notebook zum Preis von 999 € angeboten. Das bedeutet
gegenüber dem Vorjahr eine Reduzierung von 15 %. Wie teuer war das Notebook im Vorjahr?*

Wir wissen: _____

_____

Wir rechnen:

Wir antworten: _____

*3. Bei einem Kühlschrank wird der Preis in Höhe von 773,50 € inklusive Mehrwertsteuer
angegeben.
a) Wie hoch ist die Mehrwertsteuer in €.
b) Was kostet der Kühlschrank ohne Mehrwertsteuer?*

Wir wissen: _____

_____

Wir rechnen: Berechnung der MwSt.:   Preis ohne MwSt.:

a) _____

b) _____

4. *Ein Großhändler kauft einen Mofa beim Hersteller und erhöht den Einkaufspreis beim Weiterverkauf an den Einzelhändler um 20 %. Dieser schlägt 30 % auf und verkauft das Mofa inkl. Mehrwertsteuer zu 1854,54 €. Wie teuer verkaufte der Hersteller das Moped?*

Wir wissen: _____

_____

Wir rechnen:

Wir antworten: _____

5. *Das Gehalt eines Angestellten wurde zum Beginn eines Jahres um 3,5 % und zum 1. Oktober nochmals um 2 % erhöht. Jetzt verdient er 3 906,09 €.*
   a) Wie viel verdiente er vor den Lohnerhöhungen?
   b) Wie hoch war sein Gehalt nach der ersten Erhöhung?

Wir wissen: _____

_____

Wir rechnen: ursprüngliches Gehalt: Gehalt nach der ersten Erhöhung:

Wir antworten: a) _____

b) _____

6. *In einer Maschinenfabrik waren 504 Arbeiter beschäftigt. Am Ende des Folgejahres waren es nur noch 378 Arbeiter. Um wie viel Prozent ist die Beschäftigtenzahl gefallen?*

Wir wissen: _____

_____

Wir rechnen:

Wir antworten: _____

7. *Gefriert Wasser zu Eis, erhöht sich das Volumen um 9 %. Der Rauminhalt eines Eisklotzes beträgt 272,50 dm³. Wie viel Liter Wasser wurden gefroren?*

Wir wissen: _____

_____

Wir rechnen:

Wir antworten: _____

8. *Beim Aufschäumen von Gummimasse zu Schaumgummi findet eine Volumenvergößerung von 800 % statt.*
   a) Wie viel Gummimasse brauche ich, wenn ich 18 m³ Schaumgummi haben möchte?
   b) Wie viel Schaumgummi ergeben 1,25 m³ Gummimasse?

Wir wissen: _____

_____

Wir rechnen: Berechnung der Gummimasse: Berechnung des Schaumgummis:

Wir antworten: a) _____

b) _____

9. *Herr Müßig kauft sich ein neues Auto für 27 500 €. Wie teuer ist das Auto in drei Jahren, wenn die Autofirma pro Jahr mit einer Preissteigerung von 4,5 % rechnet?*

Wir wissen: _____

_____

Wir rechnen:

Wir antworten: _____

10. *Ein Taxiunternehmer kauft einen Neuwagen zu Preis von 33 000 €. Das vorherige Fahrzeug wird mit einer Wertminderung von 6 000 € in Zahlung genommen, sodass er noch 75 % des damaligen Neuwagens erhält.*
a) Berechne den Neupreis des vorherigen Fahrzeugs.
b) Um wie viel Prozent ist der Neupreis gestiegen?

Wir wissen: _____

_____

Wir rechnen: Berechnung des Neupreises: Berechnung der Preiserhöhung:

Wir antworten: _____

_____

11. Prozentrechnen – Sachaufgaben zu allen Bereichen des Alltags

1. Herr Brünner erhält eine Rechnung in Höhe von 1450,30 €. Bei Zahlung innerhalb von 10 Tagen darf er 3 % Preisnachlass abziehen. Wie viel muss er überweisen?

Wir wissen: _____

_____

Wir rechnen:

Wir antworten: _____

2. Sigrid verdient im 2. Ausbildungsjahr 1025,40 €. 25 % spart sie monatlich, 250 € gibt sie zu Hause ab und 15 % legt sie für den Führerschein zurück.
   a) Wie viel € spart sie?
   b) Wie viel Prozent ihres Monatslohns gibt sie zu Hause ab?
   c) Wie viel € spart sie für den Führerschein?
   d) Wie viel € bleiben ihr monatlich?
   e) Wie viel Prozent ihres Lohns sind das? Runde sinnvoll.

Wir wissen: _____

_____

_____

Wir rechnen: a)   b)   c)

d)   e)

Wir antworten: _____

_____

_____

3. Von 250 befragten Sparern haben 120 ihr Geld auf dem Sparbuch angelegt, 75 bei der Bausparkasse, 30 bei einer Lebensversicherung, 10 auf Tagesgeldkonten, 5 in Aktien und der Rest in sonstigen Sparanlagen.
a) Berechne die Anteile in Prozent. Schreibe den Ansatz und rechne mit dem Taschenrechner.
b) Stelle die Anteile in einem Kreisdiagramm dar (r = 5 cm). Runde sinnvoll.

Wir wissen: _____

_____

Wir rechnen: **Wir zeichnen:**

Sparbuch:

_____ % ≙ _____ °

Bausparkasse::

_____ % ≙ _____ °

Lebensversicherung::

_____ % ≙ _____ °

Tagesgeldkonto:

_____ % ≙ _____ °

Aktien:

_____ % ≙ _____ °

sonstige Sparanlagen::

_____ % ≙ _____ °

4. Eine Pflanze wächst täglich um 6 %. Sie ist heute 5 cm groß. Wie groß ist sie nach 4 Tagen?

Wir wissen: _____

_____

Wir rechnen: nach 1 Tag: nach 2 Tagen:

nach 3 Tagen: nach 4 Tagen:

Wir antworten: _____

5. *Eine andere Pflanze, die täglich 5 % wächst, ist jetzt 14,7 cm groß.*
   Wie groß war sie vor 5 Tagen?

Wir wissen: _____

_____

Wir rechnen: vor 1 Tag: vor 2 Tagen:

vor 3 Tagen: vor 4 Tagen:

Wir antworten: _____

6. *Herr Schneller hat einen Gebrauchtwagen zum Preis von 16 500 € gekauft.*
   Nach 2 Jahren verkauft er ihn 10,5 % billiger.
   a) Berechne den Preisunterschied in €.
   b) Wie teuer verkauft er den Wagen?

Wir wissen: _____

_____

Wir rechnen: Preisunterschied: Verkaufspreis:

Wir antworten: _____

7. *Frau Brüchle erhält eine Gehaltserhöhung in Höhe von 143,10 €. Das entspricht 5,3 %*
ihres vorherigen Lohnes.
a) Wie viel verdiente sie vor der Erhöhung?
b) Wie viel verdient sie jetzt?

Wir wissen: _____

_____

Wir rechnen: Verdienst vor der Erhöhung: jetziger Verdienst:

Wir antworten: a) _____

b) _____

8. *Bei einer Klassenfahrt erhält der Lehrer einen Preisnachlass auf die Buskosten in Höhe*
von 25 %. Er überweist 727,50 € an das Busunternehmen.
a) Wie teuer war die Busfahrt ursprünglich veranschlagt?
b) Wie viel spart die Klasse pro Schüler, wenn in der Klasse 25 Schüler sind?

Wir wissen: _____

_____

Wir rechnen: ursprünglicher Preis: Ersparnis pro Schüler:

Wir antworten: a) _____

b) _____

9. Schwefeleisen besteht zu 11 % aus Schwefel. Der Rest ist Eisen. Wie viel Gramm Schwefeleisen ergibt es, wenn man 145,96 g Eisen dazu benötigt?

Wir wissen: _____

_____

Wir rechnen:

Wir antworten: _____

10. Nach Abzug der Verpackung, die 7 % des Gesamtgewichtes beträgt, bleibt ein Nettogewicht von 153,45 kg. Berechne Brutto und Tara.

Wir wissen: _____

_____

Wir rechnen: Berechnung von Brutto: Berechnung von Tara:

Wir antworten: _____

_____

11. Von einem rechteckigen Grundstück (a = 35 m; b = 26 m) werden 8 % für eine Straße abgegeben. Die Gemeinde zahlt pro Quadratmeter 36,50 €. Wie viel Euro Entschädigung erhält der Besitzer?

Wir wissen: _____

_____

Wir rechnen: Berechnung der Gesamtfläche: Berechnung des Straßenanteils:

Berechnung der Entschädigung:

Wir antworten: _____

12. Von einem Waldbesitz wurden 32 % neu aufgeforstet. Jetzt sind noch 25,84 ha alter Bestand vorhanden. Welche Fläche umfasst der Waldbesitz insgesamt?

Wir wissen: _____

_____

Wir rechnen:

Wir antworten: _____

13. Eine Krankenkasse erstattet 85 % der Kosten. Herr Schmerzlich muss von einer Zahnarztrechnung 424,50 € selbst bezahlen. Wie hoch war die Gesamtrechnung?

Wir wissen: _____

_____

Wir rechnen:

Wir antworten: _____

14. Urlaub ist in der Schweiz zurzeit 6 % teurer, in den USA 12 % billiger. Was zahlt ein Urlauber in diesen Ländern für einen Urlaub, der in Deutschland 2 500 € kostet?

Wir wissen: _____

_____

Wir rechnen: Urlaub in der Schweiz: Urlaub in den USA:

Wir antworten: _____

15. In einer Autoreparaturrechnung sind 188,25 € Mehrwertsteuer enthalten. Wie hoch lautet der Rechnungsbetrag mit und ohne Mehrwertsteuer?

Wir wissen: _____

_____

Wir rechnen: Rechnungsbetrag mit MwSt.:   Rechnungsbetrag ohne MwSt.:

Wir antworten: _____

16. Nach dem Einbau einer neuen Heizung verringerte sich der Heizölverbrauch von monatlich 245 l auf 196 l. Berechne die prozentuale Abnahme.

Wir wissen: _____

_____

Wir rechnen:

Wir antworten: _____

17. *Landwirt Sieber baut 1,2 ha Weizen an und versichert ihn mit 2 100 € pro ha gegen Hagelschlag. Bei einem Unwetter werden 85 % der Ernte zerstört. Wie viel € Entschädigung erhält der Landwirt, wenn er 5 % des Schadens selber tragen muss?*

Wir wissen: _____

_____

Wir rechnen: Versicherungswert der Ernte: Berechnung des Schadens:

Erstattung:

Wir antworten: _____

18. *Der Wasserbedarf eines Landes setzt sich folgendermaßen zusammen: 6 200 Millionen m^3 aus Grund- und Quellwasser, 10 800 Millionen m^3 aus Flüssen, Seen und Teichen und 1 200 Millionen m^3 aus Fremdbezug.*
a) Rechne den Anteil der Wasserquellen in Prozent um. Rechne mit dem Taschenrechner und runde auf ganze Prozent.
b) Zeichne ein Kreisdiagramm (r = 3 cm).

Wir wissen: _____

_____

Tipp: Da bei allen drei Bezugsquellen die Benennung Millionen m^3 ist, kannst du die Zahlen so nehmen, wie sie vorgegeben sind.

Wir rechnen: **Wir zeichnen:**
Gesamtmenge:

Grund– und Quellwasser:

_____ % ≙ _____ °

Flüsse, Seen und Teiche:

_____ % ≙ _____ °

Fremdbezug:

_____ % ≙ _____ °

19. *Modehaus Schulz bezieht folgende Artikel: 25 Mäntel zu je 185 €, 10 Anzüge zu je 350 €, 40 Pullover zu je 95 € und 30 Krawatten zu je 19,50 €. Für Fracht und Verpackung werden 135 € berechnet. Bei Zahlung innerhalb einer Woche darf Herr Schulz 3 % vom Warenwert abziehen.*
a) Wie hoch beläuft sich die Gesamtrechnung?
b) Wie viel € überweist Herr Schulz nach 7 Tagen?

Wir wissen: _____

_____

Wir rechnen: Preis für die Mäntel: Preis für die Anzüge:

Preis für die Pullover: Preis für die Krawatten:

Gesamtkosten: Rechnungsbetrag:

Wir antworten: a) _____

b) _____

20. *In einem Jahr stieg die Anzahl der Traktoren von rund 1 034 000 auf 1 059 850.*
a) Berechne den prozentualen Anstieg.
b) Wie viel Zugmaschinen gibt es nach weiteren 5 Jahren, wenn der Anstieg pro Jahr gleich bleibt?

Wir wissen: _____

_____

Wir rechnen: prozentualer Anstieg: nach 1 Jahr:

nach 2 Jahren: nach 3 Jahren:

nach 4 Jahren: nach 5 Jahren:

Wir antworten: _____

21. *Frau Fröhlich verdient monatlich 5 720 € brutto. Davon werden 24,9 % Lohnsteuer,*
    Kirchensteuer (8 % der Lohnsteuer) und 17 % Sozialabgaben abgezogen.
    Berechne ihr Nettogehalt.

Wir wissen: _____

_____

Wir rechnen: Berechnung der Lohnsteuer: Berechnung der Kirchensteuer:

Berechnung der Sozialabgaben: Berechnung des Nettolohns:

Wir antworten: _____

22. *Eine Umfrage über Unfälle ergab folgende Auswertung:*
    Arbeitsunfälle 579 000; Sportunfälle: 127 000; Verkehrsunfälle: 456 000; Unfälle im
    Haushalt: 175 000; sonstige Unfälle: 651 000.
    a) Werte diese Angaben prozentual aus. Rechne mit dem Taschenrechner und runde
    *   auf ganze Prozent.*
    b) Zeichne eine Kreisdiagramm (r = 4 cm).

Wir wissen: _____

_____

Wir rechnen:

Arbeitsunfälle: _____

_____ % $\triangleq$ _____ °

Sportunfälle: _____

_____ % $\triangleq$ _____ °

Verkehrsunfälle: _____

_____ % $\triangleq$ _____ °

Unfälle im Haushalt: _____

_____ % $\triangleq$ _____ °

sonstige Unfälle: _____

_____ % $\triangleq$ _____ °

72

b) **Wir zeichnen:**

23. *Ein Großhändler konnte einen Teil einer Lieferung Obst mit 18 % Gewinn zu 5 074 €*
    verkaufen. Den Rest verkaufte er mit 8 % Verlust für 414 €.
    a) Welchen Wert hatte die gesamte Lieferung?
    b) Welchen Gewinn erzielte er insgesamt in € und Prozent?

Wir wissen: _____

_____

Wir rechnen: Einkaufspreis (Verkauf mit Gewinn):   Einkaufspreis (Verkauf mit Verlust):

Gesamtwert: Gewinn in €:   Gewinn in Prozent:

Wir antworten: _____

24. *Familie Schwarz kauft ein Reihenhaus für 465 000 €. Für das Grundstück (Wert 100 000 €) müssen sie 2 % Grunderwerbssteuer zahlen.*
a) Wie viel Euro zahlen sie an das Finanzamt?
b) Wie viel müssen sie an den Makler zahlen, wenn er 3,3 % des Kaufpreises verlangt?
c) Wie teuer kommt das Haus insgesamt?
d) Um wie viel Prozent übersteigen die tatsächlichen Kosten den Kaufpreis?

Wir wissen: _____

_____

Wir rechnen: Grunderwerbssteuer: Maklergebühren:

Gesamtkosten: Umrechnung in Prozent:

Wir antworten: _____

25. *Eine Computeranlage kostete ursprünglich 2 100 €. Innerhalb eines Jahres wurde der Preis erst um 15 %, dann nochmals um 7 % herabgesetzt.*
a) Wie viel Euro kostet sie jetzt?
b) Um wie viel Prozent wurde der Preis tatsächlich gesenkt?

Wir wissen: _____

_____

Wir fragen: _____

Wir rechnen: Reduzierung um 15 %: Reduzierung um 7 %: gesamte Preissenkung in Prozent:

Wir antworten: _____

26. Ein Autohändler verkauft einen Pkw mit 15 % Gewinn für 26 599 €. Im Preis ist die gesetzliche Mehrwertsteuer enthalten.
   a) Wie viel Mehrwertsteuer in Euro ist im Endpreis enthalten?
   b) Wie viel Gewinn erzielte er?
   c) Wie teuer kaufte er den Wagen ein, wenn er 724 € an Reparaturkosten hatte?

Wir wissen: _____

_____

Wir rechnen: Berechnung der Mehrwertsteuer: Berechnung des Gewinnes:

Berechnung des Selbstkostenpreises: Berechnung des Einkaufspreises:

Wir antworten: _____

27. Eine Versicherung zahlt 75 % eines Schadens. Der Geschädigte erhält 26 400 €.
   a) Wie hoch belief sich der tatsächliche Schaden?
   b) Der Geschädigte hatte 24 Jahre lang jährlich 184 € Beitrag gezahlt. Wie viel Prozent des eingezahlten Betrages erhält der Versicherungsnehmer nun zurück?

Wir wissen: _____

_____

Wir rechnen: Berechnung des tatsächlichen Schadens: Berechnung des gesamten Beitrages:

Berechnung in Prozent:

Wir antworten: _____

28. *Ein Kaffeeautomat wurde zum Bezugspreis von 35 € eingekauft und einschließlich 19 %
Mehrwertsteuer für 57,85 im Verkauf angeboten (= Endpreis). Wie hoch sind die Unkosten
in € und Prozent, wenn 25 % Gewinn mit eingerechnet wurden?*

Wir wissen: _____

_____

Wir rechnen: Berechnung des Verkaufspreises: Berechnung des Selbstkostenpreises:

                    Berechnung der Unkosten in €:   Berechnung der Unkosten in %:

Wir antworten: _____

29. *In einem großen Weintank sind 450 hl Wein. Sie werden in 0,7 l Flaschen abgefüllt, dabei
entsteht ein Verlust. Wie groß ist dieser in Liter und %, wenn 64 250 Flaschen
abgefüllt werden?*

Wir wissen: _____

_____

Wir rechnen: Verlust in Liter   Verlust in Prozent

Wir antworten: _____

30. *Ein Kaufmann erwirbt Ware im Wert von 76 500 €. Ein Drittel der Ware kann er mit 15 % Gewinn und ein Viertel mit 10 % Gewinn verkaufen. Den Rest muss er mit 5 % Verlust abgeben. Wie hoch ist der Gesamtgewinn in € und in Prozent?*

Wir wissen: _____

_____

Wir rechnen: ein Drittel mit 15 % Gewinn: ein Viertel mit 10 % Gewinn:

           Rest mit 5 % Verlust: Gesamtgewinn in €:   Gesamtgewinn in %

Wir antworten: _____

31. *Der Röstverlust bei Kaffee beträgt im Durchschnitt 18 %. In Hamburg werden 25 t Rohkaffee geröstet. Wie viele 250 g Packungen können mit dem gerösteten Kaffee abgepackt werden?*

Wir wissen: _____

_____

Wir rechnen: Röstverlust: Anzahl der Packungen:

Wir antworten: _____

32. Ein Modegeschäft bezieht 60 Blusen zu je 54,30 € und verkauft sie mit Gewinn. Die Geschäftsunkosten betragen 15 %. 52 Blusen werden für 81,20 € verkauft. Der Rest wird im Schlussverkauf für 75 € verkauft.
   a) Welchen tatsächlichen Gewinn in € erzielte das Modehaus?
   b) Wie viel Prozent des Selbstkostenpreises beträgt der Gewinn? (Die Mehrwertsteuer bleibt hier unberücksichtigt, da sie ja wieder an das Finanzamt abgeführt werden muss.)

Wir wissen: _____

_____

Wir rechnen: Bezugspreis der Blusen:

Unkosten: Einnahmen:

tatsächlicher Gewinn = Einnahmen – Ausgaben: Gewinn in Prozent:

Wir antworten: _____

33. Rechne mit dem Taschenrechner:

	a)	b)	c)	d)	e)	f)	g)	h)
G	3 400 €	24 000 €	?	5 676 l	26,5 t	?	385,40 km	16 200 €
p	?	21,4 %	3,3 %	?	1,76 %	7,45 %	?	6,5 %
P	153 €	?	46,50 €	454,08 l	?	192 cm	327,59 km	?

a) _____   b) _____

c) _____   d) _____

e) _____   f) _____

g) _____   h) _____

34. Herr Brecker kauft im Frühjahr seinen gesamten Jahresbedarf an Heizöl (5 500 l) und zahlt pro Liter 43 Cent zuzüglich Mehrwertsteuer. Eine Erneuerung der Heizung würde eine Ersparnis von 30 % der Heizölkosten bringen. Wie teuer darf die Heizung höchstens sein, wenn sie sich bei gleichbleibenden Heizölpreisen in 12 Jahren bezahlt haben soll?

Wir wissen: _____

_____

Wir rechnen: Kosten für Heizöl: Ersparnis:

Ersparnis in 12 Jahren:

Wir antworten: _____

35. Ein Obsthändler erwirbt eine Lieferung Obst. Als Selbstkostenpreis werden 5 250 € veranschlagt. $\frac{4}{7}$ der Ware kann sofort mit einem Gewinn von 15 % verkauft werden. Ein Viertel kann am nächsten Tag mit 8 % Gewinn verkauft werden. Für den Rest erzielt der Händler einen Erlös von 800 €. Wie viel Gewinn in € und Prozent erzielt der Obsthändler?

Wir wissen: _____

_____

Wir rechnen: Einnahmen mit 15 % Gewinn   Einnahmen mit 8 % Gewinn:

Gesamterlös: Gewinn in %:

Wir antworten: _____

36. Ein Heizöltank ist nur noch zu 15 % gefüllt. Würde man 5 100 Liter nachfüllen, wäre er randvoll. Damit er aber nicht überläuft, wird der Tank nur zu 95 % gefüllt.
a) Wie viel Liter Heizöl können tatsächlich getankt werden?
b) Der Gesamtpreis inklusive 19 % Mehrwertsteuer beläuft sich auf 3 113,04 €.
Wie teuer war ein Liter Heizöl ohne Mehrwertsteuer?

Wir wissen: _____

_____

Wir rechnen: Gesamtinhalt: tatsächlicher Füllstand:

geliefert werden: Preis ohne Mehrwertsteuer: Literpreis:

Wir antworten: a) _____

b) _____

37. Ein Gebrauchtwarenhändler kauft einen Pkw für 4 300 € und ein Motorrad für 7 500 €.
a) Das Motorrad kann er nach einer Woche für 8 700 € verkaufen. Welchen Gewinn macht er in Prozent?
b) Am Pkw entstehen ihm Kosten in Höhe von 385 €. Er kann ihn dann für 5 200 € verkaufen. Welchen Gewinn in € und Prozent erzielt er beim Pkw?

Wir wissen: _____

_____

Wir rechnen: Gewinn beim Motorrad: Gewinn beim Pkw in €:   Gewinn beim Pkw in €:

Wir antworten: _____

38. Von 2769 landwirtschaftlichen Betrieben eines Landkreises haben 46 % eine Fläche
    zwischen 5 und 10 ha, 40 % eine Fläche zwischen 10 und 20 ha und 14 % sind größer
    als 20 ha.
    a) Rechne die Prozentwerte in Zahlen um. Runde sinnvoll.
    b) Zeichne ein Blockdiagramm, Einheit 1 cm.

Wir wissen: _____

_____

a) Wir rechnen:

5 – 10 ha: _____

_____

_____

10 – 20 ha: _____

_____

_____

über 20 ha: _____

_____

_____

b) Wir zeichnen das Blockdiagramm:

Lösungen

Seite 6,   **Nr. 1:**   Klaus: $\frac{30}{120}$;   Susi: $\frac{72}{120}$;   Paul: $\frac{96}{120}$;   Frieder: $\frac{40}{120}$;   Moni: $\frac{40}{120}$;

       Ulli: $\frac{24}{120}$;   Sonja: $\frac{48}{120}$;   Max: $\frac{75}{120}$;   Piet: $\frac{40}{120}$

       Klaus < Susi < Paul;   Frieder = Moni > Ulli;   Sonja < Max > Piet;

Seite 7,   **Nr. 2:**   **a:** 480 m;   **b:** 275 cm;   **c:** 440 €;   **d:** 585 l;   **e:** 480 km;
       f: 520 hl;   **g:** 840 cm;   **h:** 108 dm;   **i:** 680 m²;   **j:** 220 ha;
       k: 147 kg;   **l:** 121 €;   **m:** 2 900 m;

Seite 8,   **Nr. 3:**   **a:** 66 kg;   **b:** 24 l;   **c:** 6 g;   **d:** 54 m²;   **e:** 75 cm;   **f:** 70 ha;
       g: 20 km;   **h:** 15 dm;   **i:** 75 mm;   **j:** 15 hl;   **k:** 14 a;
       l: 50 dm²;   **m:** 48 €;   **n:** 40 mg;   **o:** 500 km;

Seite 9,   **Nr. 1:**   **a:** 9 %;   **b:** 7 %;   **c:** 11 %;   **d:** 19 %;   **e:** 47 %;   **f:** 81 %;
       g: 93 %;   **h:** 103 %;   **i:** 402 %;   **j:** 303 %;   **k:** 925 %;
       l: 831 %;   **m:** 531 %;   **n:** 881 %;   **o:** 621 %;   **p:** 774 %;
       q: 1 210 %;   **r:** 674 %;

Seite 10,   **Nr. 2:**   **a:** 15 %;   **b:** 20 %;   **c:** 14 %;   **d:** 24 %;
       e: 10 %;   **f:** 2 %;   **g:** 15 %;   **h:** 20 %;   **i:** 4 %;   **j:** 16 %;
       k: 6 %;   **l:** 4 %;

       Nr. 3:   **a:** $\frac{9}{20}$;   **b:** $\frac{3}{10}$;   **c:** $\frac{11}{50}$;   **d:** $\frac{7}{20}$;   **e:** $\frac{2}{5}$;   **f:** $\frac{9}{25}$;   **g:** $\frac{13}{25}$;
       h: $\frac{3}{4}$;   **i:** $\frac{4}{5}$;   **j:** $\frac{11}{20}$;   **k:** $\frac{21}{20}$;   **l:** $\frac{21}{10}$;   **m:** $\frac{6}{5}$;   **n:** $\frac{16}{5}$;

Seite 11,   **Nr. 4:**

Klasse	Klassenstärke	Anzahl der Mädchen	Anteil	Hundertstel	Prozent
7b	30	12	$\frac{12}{30} = \frac{4}{10}$	$\frac{40}{100}$	40 %
7c	24	6	$\frac{6}{24} = \frac{1}{4}$	$\frac{40}{100}$	25 %
7d	28	21	$\frac{21}{28} = \frac{3}{4}$	$\frac{75}{100}$	75 %

       Nr. 1:   **a:** 37 %;   **b:** 41 %;   **c:** 86 %;   **d:** 60 %;   **e:** 80 %;   **f:** 30 %;
       g: 94 %;   **h:** 53 %;   **i:** 75 %;   **j:** 126 %;   **k:** 440 %;   **l:** 357 %;
       m: 687 %;   **n:** 499 %;   **o:** 1 065 %;   **p:** 11 025 %;

       Nr. 2:   **a:** 0,37;   **b:** 0,29;   **c:** 0,33;   **d:** 0,46;   **e:** 0,81;   **f:** 0,94;
       g: 0,59;   **h:** 0,18;   **i:** 0,05;   **j:** 1,19;   **k:** 2,12;   **l:** 5,09;
       m: 1,21;   **n:** 7,65;   **o:** 87,64;

Seite 12,   **Nr. 3:**   **a:** 44 %;   **b:** 38 %;   **c:** 83 %;   **d:** 89 %;   **e:** 71 %;   **f:** 27 %;
       g: 47 %;   **h:** 63 %;   **i:** 68 %;   **j:** 81 %;   **k:** 24 %;   **l:** 62 %;
       m: 57 %;   **n:** 61 %;

Seite 12, Nr. 4: a: 44 %; b: 28 %; c: 34 % d: 19 %; e: 47 %; f: 21 %;
g: 26 %; h: 626 %; i: 76 %; j: 17 %; k: 15 %; l: 3 660 %;

Seite 13, Nr. 1: a: 24 €; b: 30 €; c: 135 kg ; d: 355,50 kg; e: 3 045 m ;
f: 5 083 €; g: 4 524 g; h: 5 198,40 €;

Seite 14, Nr. 2: a: 400 €; b: 95 kg; c: 4 000 € ; d: 600 g; e: 25 ha;
f: 450 km; g: 2 000 cm; h: 1 175 €; i: 20 000 €; j: 8 000 Stück;

Seite 15, Nr. 3: a: 20 %; b: 35 %; c: 32 %; d: 55 %; e: 30 %; f: 80 %;
g: 84 %; h: 18 %;

Seite 16, Nr. 3: i: 95 %; j: 99 %;

Nr. 4: a: 675 €; b: 17 %; c: 989 €; d: 5 396 cm; e: 25 %;
f: 1 100 €; g: 21 500 €; h: 1 700 kg; i: 912,50 €; j: 24,5 %;
k: 10 500 €; l: 1 753,05 cm;

Seite 17, Nr. 1: G = 420 t; **Nr. 2:** P = 1 575 l; **Nr. 3:** G = 900 €;

Seite 18, Nr. 4: P = 28 560 €; **Nr. 5:** p = 95 %; **Nr. 6:** p = 75 %;

Seite 19, Nr. 7: G = 500 ha; **Nr. 8:** P≈ 112,55 hl; **Nr. 9:** p ≈ 24,19 %;

Seite 20, Nr. 10: G ≈ 478,57 €; **Nr. 11:** p ≈ 20,05 %; **Nr. 12:** p = 6,25 %;

Seite 21, Nr. 1: a: 4 3164,80 €; b: 13 936 €; c: 5 472 €; d: 7 406 €;

Seite 22, Nr. 2: a: 3 200 €; b: 2 340 €; c: 2 139 €; d: 4 200 €;

Nr. 3: a: 4 %; b: 2 %; c: 8 %; d: 7 %;

Seite 23, Nr. 3: e: 5,5 %; f: 9,3 %;

Nr. 4: a: 3 910 €; b: 2 %; c: 450 €; d: 1 147,60 €; e: 45 %;
f: ≈ 384,90; g: ≈ 95,06 €; h: 36,7 %; i: ≈ 351,40 €;

Seite 24, Nr. 1: a: 1 445 €; b: 3 096 €; c: 3 465 €; d: 38 220 €;

Nr. 2: a: 4 800 €; b: 9 100 €;

Seite 25, Nr. 2: c: 720 €; d: 26 000 €;

Nr. 3: a: 18 %; b: 41 %; c: 17 %; d: 11 %; e: 31 %; f: 6 %;

Seite 26, Nr. 4: a: 5 135,40 €; b: 40 %; c: 495 €; d: 27 396,30 €; e: 17 %;
f: 790 €; g: 896,48 €; h: 34,5 %;

Nr. 5: 2 503,90 €

Seite 28, Nr. 1: a: 2 975 €; 475 €; b: ≈ 514,29 €; 97,71 €;
c: ≈ 160,26 €; 129,81 €; d: ≈ 102,58 €; 16,38 €;
e: ≈ 4 831,93 €; 918,07 €; f: ≈ 1 681,58 €; 2 001,08 €;

Nr. 2: a: ≈ 1,21 €; 18,46 €; b: ≈ 35,51 €; 2,49 €;
c: 35 €; 37,45 €; d: 83,46 €; 5,46 €;

Seite 30, **Nr. 1:** **a:** 36,56 €; **b:** 3 %; **c:** 644 €; **d:** 532 €;

Nr. 2: **a:** 7387,52 €; **b:** 100 €; **c:** ≈ 1 769,13 €; **d:** ≈ 154,51 €;

Seite 31, **Nr. 1:** 297,50 €;

Nr. 2: 125 Schafe; 100 Schafe;

Nr. 3 **a:** 5 600 €; **b:** 898,80 €;

Seite 32, **Nr. 4:** **a**: 11 058 Bürger; **b:** ≈ 62,95 %;

Nr. 5: 26 430 €;

Nr. 6: Klasse 7a: 24 %; **b:** 26 %; bei der Klasse 7b;

Seite 33, **Nr. 7:** Gesamtschülerzahl: 32; Note 1: ≈ 9,4 %; Note 2: ≈ 15,6 %; Note 3: 37,5 %; Note 4: ≈ 21,9 %; Note 5: 12,5 %; Note 6: ≈ 3,1 %;

Nr. 8: Eiweiß: 17,5 g; Fett: 20 g; Zucker: 25 g;

Nr. 9: **a:** Fußball: 62,5 %; Feuerwehr: 37,5 %; Rotkreuz: 25 %; Jazztanz: 12,5 %; **b:** viele sind in mehreren Vereinen;

Seite 34, **Nr. 10:** **a:** 240 €; **b:** 528,50 €· **c:** 17,50 €;

Nr. 11: **a:** 68,97 €; **b:** 419,01 €;

Seite 35, **Nr. 12:** 12 325 €; **Nr. 13:** 20 %;

Nr. 14: **a:** 2 300 €; **b:** 92 €; 47,84 €;

Seite 36, **Nr. 15:** **a:** 824,50 €; **b:** 876 €; **c:** ≈ 6,2 %;

Nr. 16: Stärke: 1 675 g; Eiweiß: 300 g; Fett: 50 g; Fasern: 62,5 g; Salz: 37,5 g; Wasser: 375 g;

Seite 37, **Nr. 17:** **a:** 1 570+3 275,70 = 4 845,70 €; **b:** ≈ 1696 €;

Nr. 18: **a:** Endpreis: 26 810,75 €; Barzahlungspreis: ≈ 25 336,11 €; **b:** ≈ 45 %;

Seite 38, **Nr. 19:** 825 %;

Nr. 20: Einkaufspreis pro Messer: ≈ 0,63 €; Gewinn: ≈ 782 %;

Nr. 21: **a:** 2,40 €; **b:** 562,50 €;

Seite 39, **Nr. 1:** **a:** 1,75 kg; 14 %; **b:** 42,75 kg; 10 %; **c:** 525 kg; 420 kg; **d:** 350 kg; 14 %; **e:** 60 kg; ≈ 8,95 %; **f:** 162 kg; 137,70 kg;

Seite 40, **Nr. 1:** **g:** 44,99 kg;   22 %;   **h:** 600 kg;   ≈22,6 %;

Nr. 2: **a:** Lohnsteuer: 499,41 €;   Kirchensteuer: ≈ 39,95 €;
Nettolohn: 2 250,64 €;
b: Lohnsteuer: 1 108,80 €;   Kirchensteuer: ≈ 88,70 €;
Nettolohn: 3 422,25 €;
c: Lohnsteuer: 1 419,30 €;   Kirchensteuer: ≈ 113,54 €;
Nettolohn: 4 167,16 €;

Seite 41, **Nr. 1:** 120 ha ≙ 10 cm
Mais: 18 ha ≙ 1,5 cm
Weizen: 42 ha ≙ 3,5 cm
Gerste: 24 ha ≙ 2 cm
Kartoffeln: 36 ha ≙ 3 cm

Mais	Weizen	Gerste	Kartoffeln

Nr. 2: Gesamtschülerzahl: 100 %
Griechen: 9 %

100 % ≙ 15 cm
deutsche Schüler: 65 % ≙ 9,8 cm
türkische Schüler: 12 % ≙ 1,8 cm
italienische Schüler: 14 % ≙ 2,1 cm
griechische Schüler: 9 % ≙ 1,3 cm

deutsch		türk.	ital.	griech.

Seite 42, **Nr. 3:** Autofahrer: 40 %;   Motorradfahrer: 20 %;   Radfahrer: 30 %;
Fußgänger: 10 %;

Seite 43, **Nr. 1:**

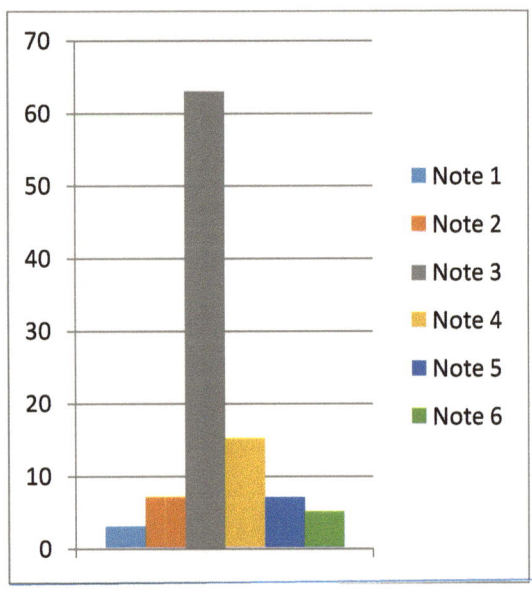

Seite 44, Nr. 2: **a:** 765 kg;

b: J: 6,5 %; F: 3,9 %; M: 7,8 %; A: 10,5 %; M: 11,8 %;
J: 6,5 %; J: 9,2 %; A: 10,5 %; S: 9,8 %; O: 7,2 %;
N: 7,8 %; D: 8,5 %;

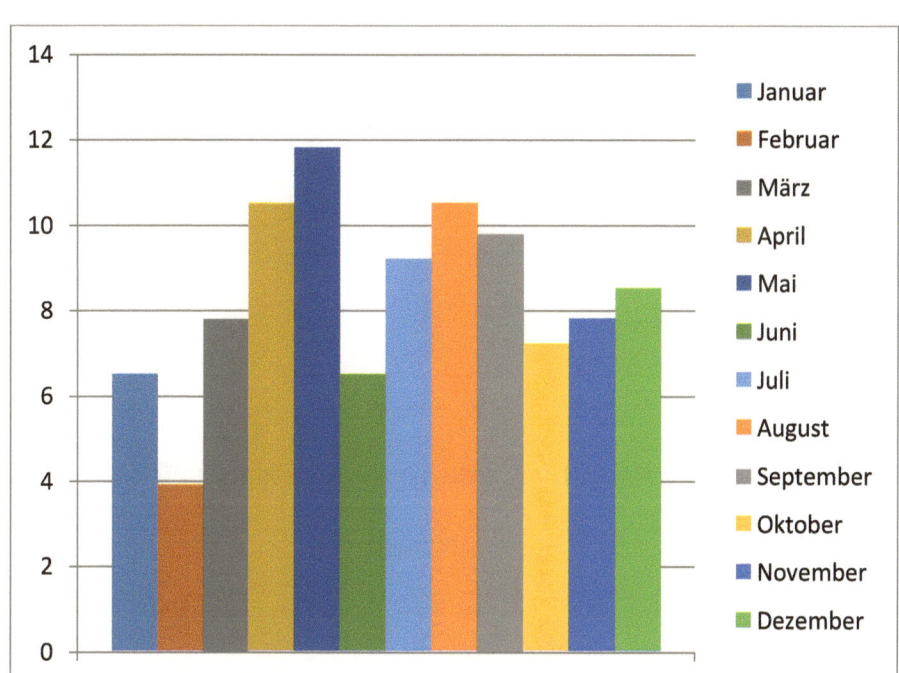

Seite 45, Nr. 1: Kleinverbraucher: 10 %;
Industrie: 126°; Verkehr: 90°; Haushalte: 108°;
Kleinverbraucher: 36°;

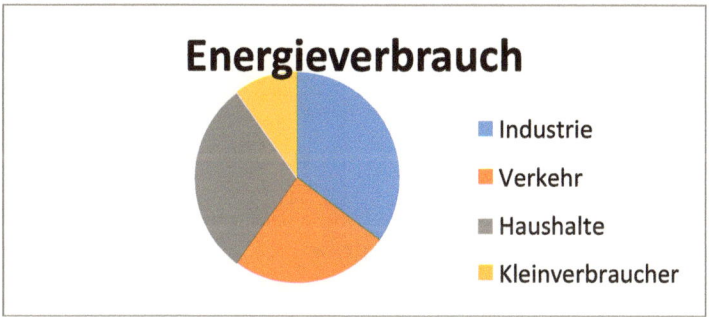

Seite 45, **Nr. 2:** Sonstiges: 17 %;
40 % ≙ 144°;   20 % ≙ 72°;   15 % ≙ 54°;
5 % ≙ 18°;   3 % ≈ 11°;   ·· Sonstiges: 61°;

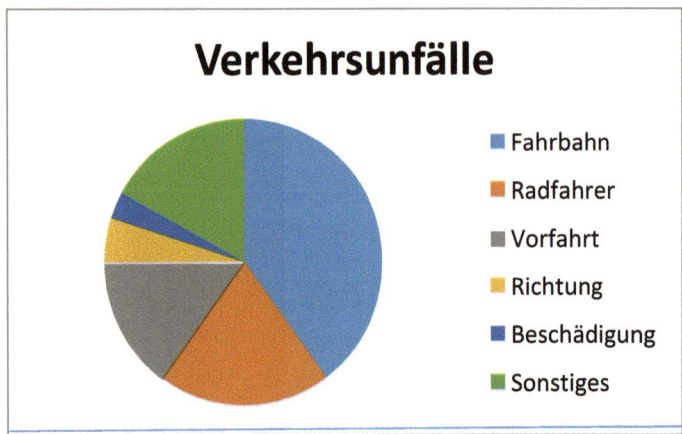

Verkehrsunfälle

- ■ Fahrbahn
- ■ Radfahrer
- ■ Vorfahrt
- ■ Richtung
- ■ Beschädigung
- ■ Sonstiges

Seite 46, **Nr. 3:** **a:** Kandidat A: ≈ 35 %;   Kandidat B: ≈ 38 %;   Kandidat C: 20 %;
ungültige Stimmen: 7 %;
b: A: 126°;   B: ≈ 137°;   C: 72°;   ungültig: 25°

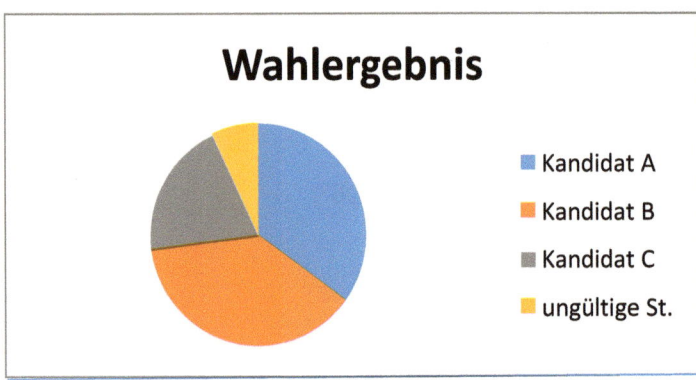

Wahlergebnis

- ■ Kandidat A
- ■ Kandidat B
- ■ Kandidat C
- ■ ungültige St.

Seite 47, **Nr. 1:**· **a:** 9 %;   **b:** 9 400 €;   **c:** 576 €;   **d:** 4,2 %;   **e:** 5 000 €;
f: ≈ 0,89 m;   **g:** 14 %;   **h:** 3 500 m;

Seite 48, **Nr. 2:** **a:** 11 %;   **b:** 3 820 km;   **c:** ≈ 2,26 m;   **d:** 80 %;   **e:** 53 000 €;
f: ≈ 0,27 dm;   **g:** ≈ 1,49 %;   **h:** 4 000 €;

Seite 49, **Nr. 1:** **a:** 34 000 €;   **b:** 12 470 €;   **c:** 24 %;   **d:** 125 000 €;
e: 321,60 kg;   **f:** 16,9 %;   **g:** 1 111 €;   **h:** ≈ 15,56 m;
i: 1 200 €;   **j:** 929,50 €;   **k:** 6,6 %;   **l:** 960 €;   **m:** 15,6 kg;
n: 125 %;   **o:** 1,95 %;   **p:** 29,82 l;   **q:** 17 %;

Seite 50, **Nr. 1:** **a:** 10 %;   **b:** 148,09 €;   **c:** 1 250 €;   **d:** 16,5 %;
e: ≈ 15,02 km;   **f:** 30 l;

Seite 51, **Nr. 2.** **a:** 15 %;   **b:** 32 040 €;   **c:** 2 500 €;   **d:** 3 %;
e: ≈ 29,48 km;   **f:** 50 l;

Seite 52, **Nr. 1:** 18 %;   **Nr. 2:** 30 %;   **Nr. 3:** 18 000 €;

Seite 53, **Nr. 4:** 52 000 €;   **Nr. 5:** ≈ 20 t;   **Nr. 6:** 168 Kühe;

Seite 56, **Nr. 1:** **a:** ≈ 746,69 €;   **b:** ≈ 7998,51 €;   **c:** ≈ 0,70 €;   **d:** ≈ 459,45 €;
e: ≈ 625,42 €;   **f:** ≈ 4,24 €;   **g:** ≈ 34 992,36 €;   **h:** ≈ 1 439,41 €;

Seite 57, **Nr. 2.** **a:** ≈ 112,61 €;   **b:** ≈ 7 122,66 €;   **c:** ≈ 1 978,77 €;
d: 38 829,84 €;   **e:** ≈ 18,61 €;   **f:** ≈ 30,05 €;   **g:** ≈ 12 094,92 €;
h: ≈ 199,82 €;   **i:** ≈ 8 528,73 €;   **j:** ≈ 4 469,87 €;   **k:** ≈ 7 090,76 €;
l: ≈ 40,61 €;   **m:** ≈ 40,90 €;   **n:** ≈ 13 382,13 €;

Seite 58, **Nr. 1:** ursprünglicher Preis: 275 €;

Nr. 2: Preis vor einem Jahr: ≈ 1175,29 €;

Nr. 3: Mehrwertsteuer: 123,50 €;   Preis ohne Mehrwertsteuer: 650 €;

Seite 59, **Nr. 4:** Preis des Herstellers: ≈ 999 €;

Nr. 5: Gehalt vor den Erhöhungen: 3 700 € Gehalt nach der ersten
Erhöhung: 3 829,50 €;

Nr. 6: 25 %;

Seite 60, **Nr. 7:** 250 l;   **Nr. 8: a:** 2,25 m^3;   **b:** 10 m^3;

Seite 61, **Nr. 9:** nach dem 1. Jahr: 28 737,50 €;   nach dem 2. Jahr: ≈ 30 030,69 €;
nach dem 3. Jahr: 31 382,07 €;

Nr. 10: **a:** 24 000 €;   **b:** 37,5 %;

Seite 62, **Nr. 1:** ≈ 1 406,79 €

Nr. 2: **a:** 256,35 €;   **b:** ≈ 24,38 %;   **c:** ≈ 153,81 €;   **d:** 365,24 €;
e: ≈ 35,62 %;

Seite 63, **Nr. 3:** **a:** Sparbuch: 48 %;   Bausparkasse: 30 %;
Lebensversicherung: 12 %;   Tagesgeldkonten: 4 %;
Aktien: 2 %;   sonstige Sparanlagen: 4 %;
b: 48 % ≈ 173°;   30 % ≈ 108°;   12 % ≈ 43°;   4 % ≈ 14°;
2 % ≈ 8°;   Rest: 14°;
c:

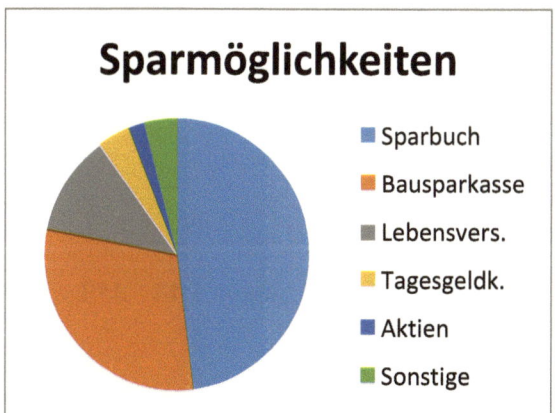

Seite 63, **Nr. 4:** 1. Tag: 5,3 cm;   2. Tag: ≈ 5,6 cm;   3. Tag: 5,9 cm;   4. Tag: ≈ 6,3 cm

Seite 64, **Nr. 5:** vor einem Tag: 14 cm;   vor 2 Tagen: ≈ 13,3 cm;
vor 3 Tagen: ≈ 12,6 cm;   vor 4 Tagen: ≈ 12,1 cm;   vor 5 Tagen: 11,4 cm;

Nr. 6: Verlust: 1 732,50 €;   Verkaufspreis: 14 767,50 €;

Seite 65, **Nr. 7:** **a:** 2 700 €;   2 843,10 €;

Nr. 8: **a:** 970 €;   **b:** ≈ 9,70 €;

Seite 66, **Nr. 9:** 164 g;

Nr. 10: Bruttogewicht: 165 kg;   Tara: 11,55 kg;

Seite 67, **Nr. 11:** A_{Qu} = 910 m²;   Fläche für Straße: 72,80 m²;   Entschädigung: 2 657,20 €;

Nr. 12: 38 ha;

Nr. 13: 2·830 €;

Seite 68, **Nr. 14:** Schweiz: 2 650 €;   USA: 2 200 €;

Nr. 15: ohne Mehrwertsteuer: ≈ 990,79 €;   mit Mehrwertsteuer: 1179,04 €;

Nr. 16: 20 %;

Seite 69, **Nr. 17:** Wert des Ackers: 2 520 €;   Schaden: 2 142 €;   Erstattung: 2 034,90 €;

Nr. 18: **a:** Gesamtmenge: 18 200 m³;   Grundwasser: ≈ 34 %;
Flüsse, ...: ≈ 59 %;   Sonstige: ≈ 7 %;
b: 34 % ≙ 122°;   59 % ≙ 212°;   7 % ≙ 26°;

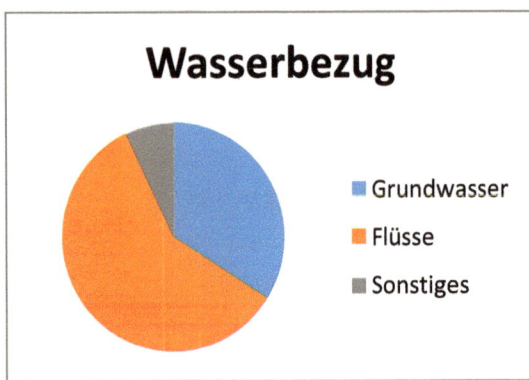

Seite 70, **Nr. 19:** **a:** Mäntel: 4 625 €;   Anzüge: 3 500 €;   Pullover: 3 800 €;
Krawatten: 585 €;   Gesamtkosten: 12 645 €;
b: Rechnungsbetrag: 12 265,65 €;

Nr. 20: **a:** 2,5 %;
b: 1. Jahr: ≈ 1 086 346;   2. Jahr: ≈ 1 113 505;   3. Jahr: ≈ 1 141 343;
4. Jahr: ≈ 1 169 877;   5. Jahr: ≈ 1 199 124;

Seite 71, **Nr. 21:** Lohnsteuer: 1 424,28 €;   Kirchensteuer: ≈ 113,94 €;
Sozialabgaben: 972,40 €;   Nettoverdienst: 3 209,38 €;

Seite 71, **Nr. 22:** **a:** Gesamtunfälle: 1 988 000;   Arbeitsunfälle: 29 %;   Sportunfälle: 6 %;   Verkehrsunfälle: 23 %;   Haushalt: 9 %;   Sonstige: 33 %
                     b: 29 % ≙ 104°;   6 % ≙ 22°;   23 % ≙ 83°;   9 % ≙ 32°;   33 % ≙ 119°;

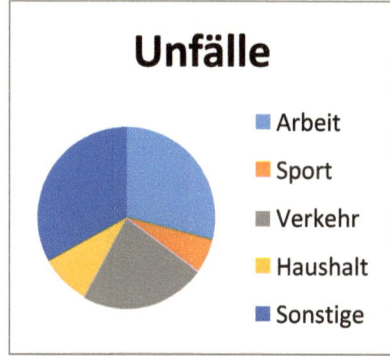

Seite 72, **Nr. 23:** **a:** Wert der Lieferung: 4 300 € + 450 € = 4 750 €;
                     b: Gesamterlös: 5 488 €;   Gewinn: 738 €;   ≈ 15,5 %;

Seite 73, **Nr. 24:** **a:** Grunderwerbssteuer: 2 000 €;   **b:** 15 345 €;
                     c: 482 345 €;   **d:** ≈ 3,7 %;

         Nr. 25: **a:** Reduzierung um 15 %: 1 785,05 €;   Reduzierung um 7 %: ≈ 1 660,05 €;
                     b: ≈ 21 %;

Seite 74, **Nr. 26:** **a:** ≈ 4 246,90 €;   **b:** ≈ 3 469,44 €;   **c:** 22 405,57 €;

         Nr. 27: **a:** 35 200 €;   **b:** Gesamtbeitrag: 4 416 €;   **c:** ≈ 16,73 %;

Seite 75, **Nr. 28:** Verkaufspreis: ≈ 48,61 €;   Selbstkostenpreis: 38,89 €;
                     Unkosten: 3,89 €;   ≈ 11,11 %;

         Nr. 29: abgefüllter Wein: 44 975 l;   Verlust: 25 l; ≈ 0,06 %;

Seite 76, **Nr. 30:** 15 % = 3 825 €;   10 % = 1 912,50 €;   Restbetrag: 31 875 €;
                     5 % = 1 593,75 €;
                     Gewinn: 3 825 € + 1 912,50 € − 1 593,75 € = 4 143,75 €;
                     Gewinn: ≈ 5,42 %;

         Nr. 31: Röstverlust: 4 500 kg; 82 000 Packungen

Seite 77, **Nr. 32:** Bezugspreis: 3 258 €;   Unkosten: 488,70 €;
                     Selbstkostenpreis: 3 746,70 €;   Einnahmen: 4 822,40;
                     Gewinn: 4 822,40 € − 3 258 € − 488,70 € = 1 075,70 €;
                     Gewinn: ≈ 28,7 %;

         Nr. 33: **a:** 4,5 %;   **b:** 5 136 €;   **c:** ≈1 409,10 €   **d:** 8 l;   **e:** ≈ 0,466 t;
                     f: ≈ 258,52 cm;   **g:** 85 %;   **h:** 1 053 €;

Seite 78, **Nr. 34:** Kosten: 2814,35 €;   Ersparnis: ≈ 844,31;
                     Ersparnis in 12 Jahren: 10 131,72 €;

         Nr. 35: Einnahmen mit 15 % Gewinn: 3 450 €;   Einnahmen mit 8 %
                     Gewinn: 1 417,50 €;
                     Gesamteinnahmen: 3 450 € + 1 417,50 € + 800 € = 5 667,50 €;
                     Gewinn: 5 667,50 € − 5 250 € = 417,50 € ≈ 7,95 %;

Seite 79, **Nr. 36:** **a**: Gesamtinhalt: 6 000 l;   Füllstand: 5 700 l;
4 800 l (da noch 900 Liter im Tank sind);
b: Literpreis: 54,5 Cent

Nr. 37: **a:** Gewinn beim Motorrad: 16 %;   **b:** Gewinn beim Pkw: 515 €; ≈ 12 %;

Seite 80, **Nr. 38:** **a:** 5 – 10 ha: ≈ 1 274 Betriebe;   10 – 20 h:: ≈ 1 108 Betriebe;
über 20 ha: ≈ 387 Betriebe;
b:

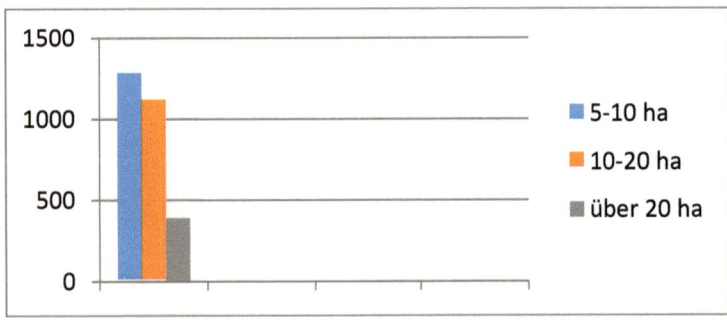

Anhang

Grundaufgaben zur Prozentrechnung:

Prozentwert (P) gesucht:

Petra erhält 1 050 € Ausbildungsbeihilfe. Davon spart sie monatlich 35 %.
Wie viel ist das in Euro?

100 % = 1 050
  1 % = 1 050 : 100 = 10,50
35 % = 10,50 • 35 = **367,50 [€]**

Grundwert (G) gesucht:

Klaus gibt seinen Eltern monatlich 345 € Zuschuss zum Haushaltsgeld. Das sind 30 % seines Monatslohnes. Wie viel verdient er in einem Monat?

  30 % = 345
   1 % = 345 : 30 = 11,50
100 % = 11,50 • 100 = **1 150 [€]**

Prozentsatz (p) gesucht:

Familie Felber hat monatlich 5 700 € zur Verfügung. Davon gibt sie pro Monat 1 254 € für die Ausbildung ihrer Kinder aus. Wie viel Prozent des Monatseinkommens sind das?

100 % = 5 700
  1 % = 5 700 : 100 = 57
1 254 : 57 = **22 [%]**

Prozentformeln:

$$P = \frac{G \cdot p}{100}$$

$$G = \frac{P \cdot 100}{p}$$

$$p = \frac{P \cdot 100}{G}$$

Abkürzungen:

gegeben: = geg.
gesucht: = ges.